“十三五”国家重点出版物出版规划项目　现代机械工程系列精品教材
工业机器人学与控制基础系列教材

工业机器人离线编程与仿真技术

主编　宋立博
参编　蒋文萍　宋智广　张大维

机 械 工 业 出 版 社

本书以北京华航唯实机器人科技股份有限公司 PQArt 离线仿真与编程软件为基础，以机器人工业现场应用为目的，详细介绍了 PQArt 集成开发环境，尤其是很有特色的三维球工具应用方法。本着与现场及工艺设计一致的原则，按照场景搭建、工件校准、轨迹生成、轨迹优化、编译、虚拟仿真及后置的顺序，结合激光切割、气缸去毛刺、码垛及写字四个典型应用案例，详细介绍了其具体工艺设计流程。与其他教材不同的是，本书摒弃具体型号的机器人应用，更注重工程实际和工业现场，特别是将工程上典型的激光切割、气缸去毛刺及码垛应用场景与软件设计过程密切结合，更侧重于现场工艺流程设计，更能提供贴近工程实用的技术指导及实践支持。随着产业升级和工业机器人越来越多地进入工业现场，离线编程与仿真技术与现场工艺的结合也会不断加强，在提高效率和可靠性方面更体现其工业应用价值和巨大的经济效益，其独有的运动学和动力学数值计算功能及硬件通信等相关技术，对于提高我国软件设计能力，强化产权意识并逐步打破国外工业软件技术垄断的局面也具有重大的现实和指导意义。

图书在版编目（CIP）数据

工业机器人离线编程与仿真技术/宋立博主编．—北京：机械工业出版社，2021.8

“十三五”国家重点出版物出版规划项目　现代机械工程系列精品教材　工业机器人学与控制基础系列教材

ISBN 978-7-111-69485-4

Ⅰ.①工…　Ⅱ.①宋…　Ⅲ.①工业机器人－程序设计－高等职业教育－教材②工业机器人－计算机仿真－高等职业教育－教材　Ⅳ.①TP242.2

中国版本图书馆 CIP 数据核字（2021）第 216977 号

机械工业出版社（北京市百万庄大街22号　邮政编码100037）
策划编辑：丁昕祯　责任编辑：丁昕祯　徐鲁融
责任校对：史静怡　封面设计：张　静
责任印制：单爱军
北京虎彩文化传播有限公司印刷
2022年1月第1版第1次印刷
184mm×260mm · 9印张 · 217千字
标准书号：ISBN 978-7-111-69485-4
定价：29.80元

电话服务	网络服务
客服电话：010－88361066	机　工　官　网：www.cmpbook.com
010－88379833	机　工　官　博：weibo.com/cmp1952
010－68326294	金　　书　　网：www.golden-book.com
封底无防伪标均为盗版	机工教育服务网：www.cmpedu.com

前言

科技界和教育界对自动化相关技术进行了深入研究，研发了大量在工业领域应用的工业机器人产品，当前我国大力推动机器人在工业生产领域的普及和应用，而科技的发展也成为推动机器人研发的推手和助力。

当前，越来越多的院校开设了机器人及相关专业，培养了大量人才。当前，大学生普遍缺乏工程实践和设计经验，例如有经验要求的激光焊接及气缸去毛刺等工程技术，应届毕业生往往无法胜任。另外，这些工程应用对可靠性要求极高，对成本较为敏感，企业对安装和调试周期也有较为严格的要求，在实际调试和应用之前的离线编程与仿真就成为必要的工程技术环节。因此，系统掌握机器人相关理论、控制系统设计、在线编程及离线编程与仿真技术对于高校学生、工程设计人员均具重大意义。

为搭建产学研融合的桥梁并结合先进的 STEAM 理念，在机械工业出版社指导下，上海交通大学联合上海应用技术大学和北京华航唯实机器人科技股份有限公司共同出版了工业机器人学与控制基础系列教材，本系列教材既是作者们数年机器人教学经验和工程案例设计经验的总结，也是对目前高校机器人教育和企业机器人应用困境的反思。包含《机器人学导论》《机器人控制技术基础》《机器人（ABB）在线编程技术》《工业机器人离线编程与仿真技术》四本教材，涵盖机器人学、机器人控制、在线编程与通信、离线编程与仿真等从理论到工程应用的全环节，实现了理论学习和工程应用技术的有机结合。其中，《机器人学导论》以上海交通大学为主编写，《机器人控制技术基础》以上海应用技术大学为主编写，《机器人（ABB）在线编程技术》与《工业机器人离线编程与仿真技术》则由北京华航唯实机器人科技股份有限公司和上海交通大学共同编写，是典型的产学研结合的成果和集体智慧的结晶。与其他教材不同，本系列教材侧重理论在工程上的具体应用和设计实现，尤其是为设计人员和读者设计机器人控制系统和实际应用工程提供了极具参考和指导意义的工程案例，这也是本套教材的价值所在，也是 STEAM 理念在高校机器人教育方面的一次实践。

本书采用北京华航唯实机器人科技股份有限公司最新 PQArt 离线编程与仿真软件，在介绍基础功能应用的基础上，详细给出了激光焊接、气缸去毛刺和码垛三个典型工程实例的设计过程和方法，以及与艺术结合的写字工程案例，有很强的工程应用和参考价值。本书既适合高校自动化类专业机器人方向的学生使用，也适合高职高专学生和工程技术人员参考学习。限于应用经验，错误在所难免，恳请读者批评指正。

本书由上海交通大学宋立博主编，上海工程技术大学蒋文萍教授、北京华航唯实机器人科技股份有限公司宋智广和张大维参编。宋立博负责本书 1 ~ 3 章，蒋文萍负责 4 ~ 6 章，宋智广和张大维负责 7 ~ 10 章，本书的出版得到机械工业出版社的大力支持，在此表示诚挚的谢意。

编　者

于上海交通大学

目录

第1章 绪论

离线编程与仿真技术和机器人学密切相关，是机器人学的发展、延伸与工程技术论证和验证。随着对系统安全性和可靠性要求的提高，尤其是“工业4.0”技术的渗透和应用，离线编程与仿真技术已经成为机器人学的重要组成部分。操作人员可通过离线编程与仿真，在工业现场应用之前进行机器人编程、测试、调整与优化，因此，离线编程与仿真技术已经成为去毛刺、切割、涂装、修剪与焊接等工序复杂路径规划的理想和高效的工具，对于降低成本、提高工作效率具有重要意义。随着机器人技术和软件技术的发展，离线编程与仿真软件也逐步发展完善，事实上已经成为机器人的标配，推动了机器人在工业领域的普及应用。

1.1 离线编程与仿真技术的定义与构成

离线编程与仿真（Simulation and Offline Programming）就是使用可视化技术和机器人化工作单元（Robotic Workcell）或生产线的3D模型，演示机器人是如何沿着已编程路径（Programmed Path）移动的，并用于协调多机器人和工作单元位置控制器之间的复杂相互影响，对于概念证明、关节极限分析、可能的碰撞检测等具有重要作用。

在离线编程之前，任务仿真（Taking Simulation）作为机器人的衍生和扩展功能，需对员工进行培训，或者使操作人员应用计算机进行编程与优化；无论企业规模如何，离线编程与仿真技术都能使其具备创建、测试与调整机器人软件的能力，并能尽可能地避免不必要的程序错误；使用已编程工作任务分布式方法，具有多办公地点和（或）工作单元的大型企业减少编程时间，并且避免软件上的不兼容性。离线编程与仿真技术对于用户同样便利，无需复杂的调整等操作，用户即可实现当前工作任务至下一个工作任务之间简单过渡的高效调配。

在没有搭建实际工程应用环境时，或者已搭建实际工程应用环境但在机器人实际工作之前，尤其是在有一定危险性和精度要求的激光切割、焊接、去毛刺、码垛等场合，离线编程与仿真已经成为必不可少的工作流程和基础环节，对于提高工作效率和系统安全性具有重要意义。

离线编程与仿真的名称尚未统一，有时也称为仿真与离线编程，川崎机器人公司称为模拟和离线编程。

1.2　离线编程与仿真技术原理

离线编程与仿真技术涉及众多专业，属于交叉性学科，有专业的设计过程与实现原理。

离线编程与仿真技术的基础是数学和计算机技术。在数学方面，主要涉及与运动学相关的矩阵理论、动力学相关的拉格朗日方程或牛顿方程、动力学逆解相关的最小二乘理论及插补方法等。计算机技术涉及的更多，主要有事先可视化的计算机图形学、用于存储的数据库技术和网络通信技术等。

离线编程与仿真技术包括离线编程、仿真及编程下载三个环节。第一个环节是根据机器人的结构参数和传动比等运动参数，建立机器人的 D－H 矩阵、运动学方程和运动学逆解方程。同时，根据设计轨迹和离散之后的轨迹点，使用运动学逆解方程和连续条件，确定离散点处各关节的转角、角速度及角加速度等控制数据，并存储在对应的数据库中。这就是离线编程环节。离线编程环节通过软件设计实现，侧重于末端执行器运动轨迹的规划。

第二个环节是仿真环节。仿真环节主要是与计算机图形学技术的结合，建立包含机器人和工件等的工作场景，确定各关节的转角等控制数据后，使用计算机图形学技术将这些关节数据显示在屏幕上即可实现机器人的运动仿真，并实时进行轴超限点、不可达点、奇异点及碰撞的检测，确保规划路径的可行性。如果出现轴超限点、不可达点、奇异点及工件之间的碰撞，以及需要规避的某些点，或者在某些位置需要更多离散点，则必须重新规划路径。仿真环节主要通过计算机图形学和可视化技术实现，侧重于机器人、工作场景及末端执行器轨迹及位姿的可视化实现。

第三个环节是编程下载环节，也就是实际机器人的控制环节。在确保规划路径可行的条件下，根据离散点处的关节数据和电动机转动惯量、关节传动比等参数，使用拉格朗日方程或牛顿方程建立机器人的动力学方程，结合 PID 等控制方法实现离散点之间的运动控制，并确定相应的运动控制参数。最后，将编译后包含运动参数和控制参数的软件代码通过通信接口加载到机器人控制器中，以实现机器人的具体工程应用。由此可见，离线编程与仿真最终是为机器人工程应用服务的。

1.3　常用离线编程与仿真软件

实际上，很多机器人公司均重视离线编程与仿真技术的发展及应用。无论是作为机器人重要的辅助和配套技术，还是作为配套的技术培训和服务环节，离线编程与仿真技术已经成为衡量一家机器人公司技术水平高低的重要标杆，也日渐成为机器人公司竞争的一个重要战场。根据是否专用，离线编程与仿真软件可分为各公司的专用软件与通用软件两类。

1.3.1　专用离线编程与仿真软件

目前，很多厂家的机器人均配置相关的离线编程与仿真软件。这些软件一般仅支持自家机器人，也就是专用离线编程与仿真软件。

1. 安川公司的 MotoSim EG、MotoSim EG - VRC 及 MotoSize

（1）MotoSim EG MotoSim EG 是 Motoman Simulator Enhanced Graphics 的缩写，意为 Motoman 仿真器增强图形界面，是安川公司主要的离线编程与仿真软件，具有如下功能。

1）配有综合性软件包，提供机器人单元精确的 3D 仿真模型。

2）具有机器人与设备位置优化功能，可进行周期计算、碰撞检测及可达性分析。

3）具有多种文件格式导入功能，可导入 hmf、hsf 或 3ds 等 CAD 模型文件。

4）具有图形化浏览及单元仿真回滚功能，使用切割边界（Cutting - Edge）功能输出 html文件，以便与合作人员及客户共享。

5）配有标准 3D 图形化引擎，便于增加标记或注释。

6）能够精确测量距离，或者建立永久测量基准线（Permanent Measure Line）。

7）无需破坏生产调度便可在启动生产线之前离线增加零件或修改机器人程序，以提高生产效率、缩短编程时间。

8）精准度高，无需在机器人上实际运行程序，即可在电脑上进行高精度仿真。

9）具有精确路径计算功能，以点化方式表示机器人路径，降低编程难度。

10）具有处理角度（Process Angle）创建功能，允许用户在保持与尖角物体或螺旋桨、摩托车气缸等连续变化形状（Gradually Changing Shapes）等非平滑表面（Uneven Surface）有关的机器人工具姿态（Tool Orientation）条件下创建新程序。

在离线编程方面，MotoSim EG 具有如下特点。

1）可在 PC 上定义机器人路径、速度及工具中心点、用户坐标系及 I/O 监视器等程序数据。

2）用户可移动虚拟机器人和输入数据，以创建机器人程序及将程序下载到机器人控制器中。

3）使用 MotoCal 软件和优化滤波器时，MotoSim EG 无需或只需很少的润色即可载入机器人控制器中。

同时，MotoSim EG 提供碰撞检测、机器人路径及位置优化、外部轴控制及协调（External Axis Control and Coordination）、涂装应用、传送带跟踪编程、已用的 INFORM 编程语言指令、最小化夹具误差（Fixturing Error）、用户定义视图及周期时间与可达性分析等功能，是一款功能强大的离线编程与仿真软件。其界面如图 1.1 所示。

安装光盘提供定位器和辅助零件等样例系统单元。此外，相应的复杂单元布局及设计、标准系统和新操作手测试功能能极大程度地降低程序的使用难度，各功能界面如图 1.2 所示。

（2）MotoSim EG - VRC MotoSim EG - VRC 中 VRC 是 Virtual Robot Control 的缩写，其提供离线编程、3D 仿真及虚拟机器人控制功能。与 MotoSim EG 相比，MotoSim EG - VRC 具有实现 Motoman 机器人和先进位置控制器之间高级控制功能的高精度仿真能力，具有如下典型功能。

1）提供真实手持式编程器界面的虚拟机器人控制器，以及与实际编程步骤相同的虚拟编程环节。

2）支持标准 INFORM 编程语言及包含系统配置功能、条件文件（Condition File）编辑和 FSU 配置等在内的可在 PC 上完全仿真的控制软件。

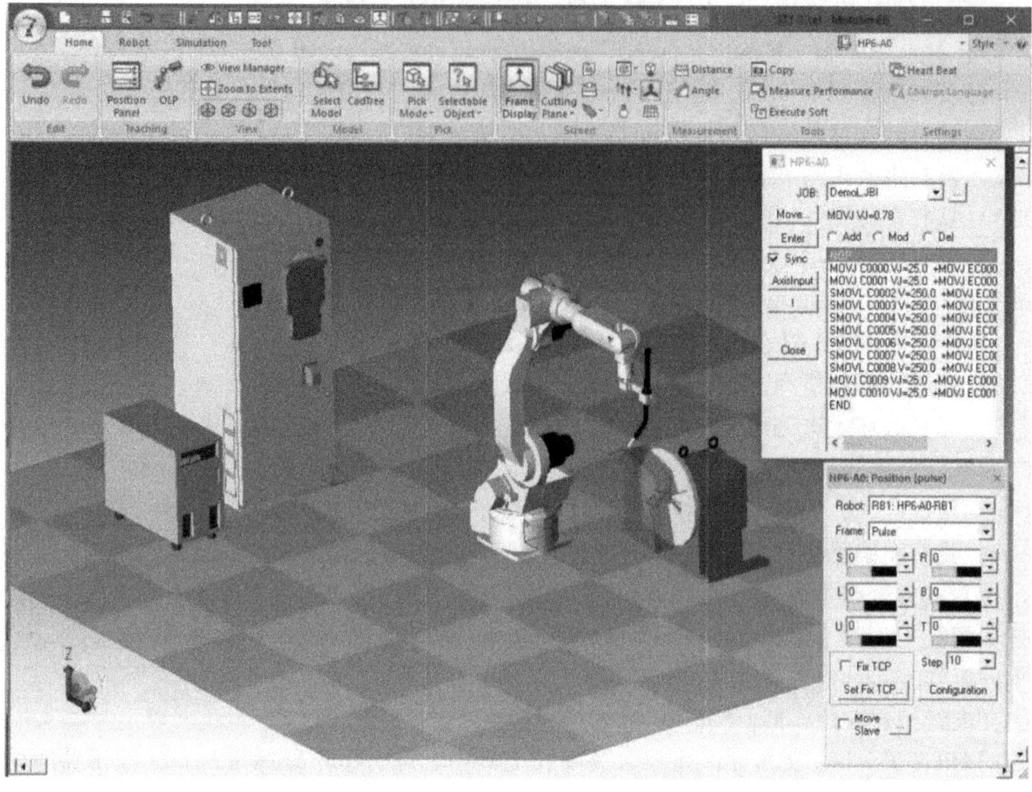

图 1.1

MotoSim EG 界面

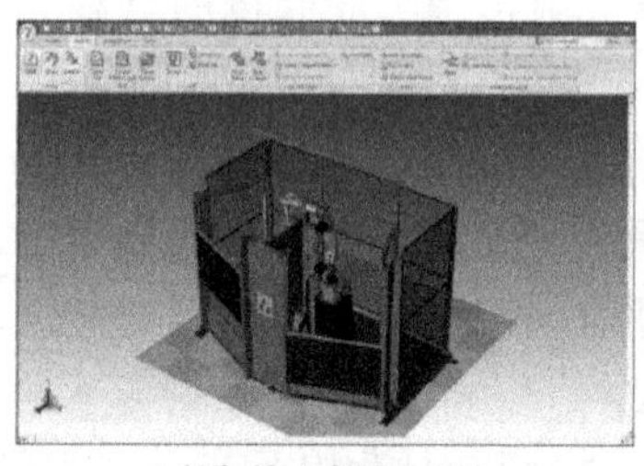

a) 复杂单元布局及设计

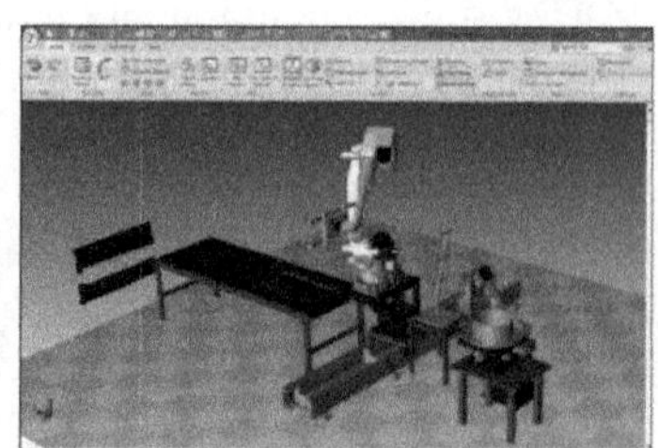

b) 标准系统

c) 操作手测试

图 1.2

MotoSim EG 功能界面

3）可用于浏览单元布局或编程运行，易于创建 3D PDF 和 AVI 文件，以及在 3D PDF 文件中修改视角，支持机器人程序的起始、停止、回放功能。

4）可直接导入 IGES、STEP、Inventor、Pro/E（Cero）、Solidworks、Catia V5、SAT、Parasolid、HSF、HMF、STL、3DS、RWX、DXF 及 PLY 等多种格式的 3D CAD 文件，可以减少文件格式转换时间。

5）可直接应用 Yaskawa Motoman 官方模型库或用户自己的模型库，常用模型可直接拖入单元或从单元中拖出。

在离线编程方面，MotoSim EG－VRC 具有如下功能。

1）支持多控制器与多机器人仿真。

2）包含机器人独立（协调）运动及双机器人同步运动的功能，以及机器人外部轴控制功能。

3）可实现元件级的碰撞检测，并具有定义用户视图的功能。

4）具有基于 3D CAD 文件的路径自动生成及可定制的应用专用指令功能，包含可调节的运动类型、速度、生成的位置点数量和工作角度等，可在几秒内生成巨量的编程位置点。

5）可使用鼠标拖动的方法修改机器人并操作每个轴，可使用 Cartesian 模式确定机器人位置。

MotoSim EG－VRC 用户界面友好、易用，典型的单元布局及设计、采用 3D CAD 模型的路径生成及 TCP 拖动的功能，功能界面如图 1.3 所示。

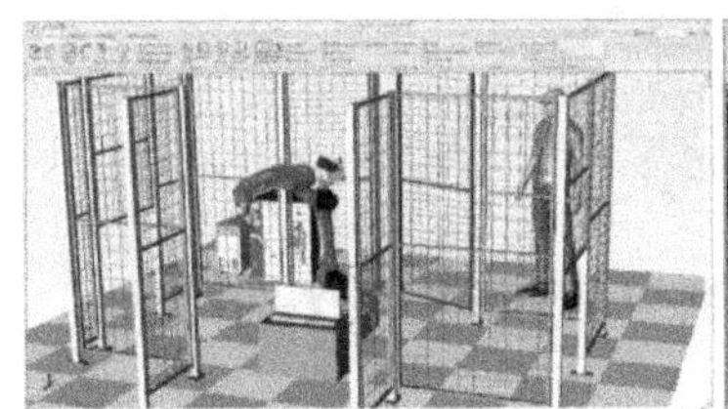

a) 典型的单元布局及设计

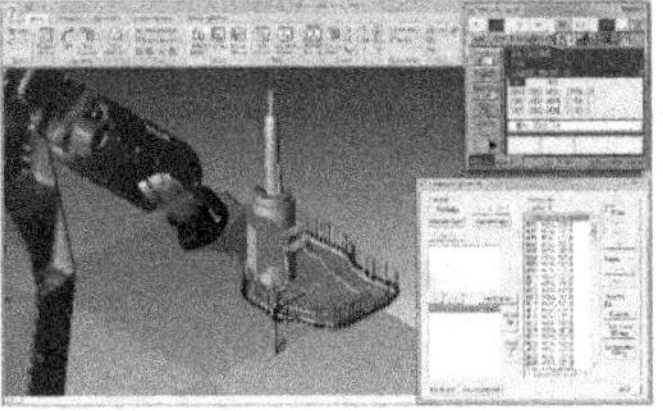

b) 采用3D CAD模型的路径生成

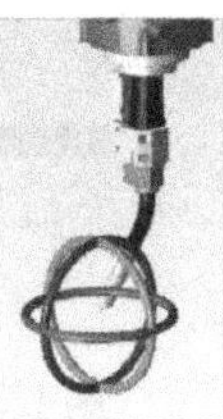

c) TCP拖动

图 1.3

MotoSim EG－VRC 功能界面

（3）MotoSize　与 MotoSim EG 和 MotoSim EG－VRC 不同的是，MotoSize 是安川公司提供的离线编程与仿真软件。主要具有如下特征。

1）基于 Web 和用户自定义工具数据，用于计算机器人、连接架（Headstock）、台桌定位器的额定载荷（Load Rating），包括质量、矩量和惯量矩等。

2）基于载荷选择适当的机器人。

3）计算连接架、台桌和多轴控制器的载荷数据，允许用户确认设备的有效载荷。

4）基于特定机器人模型的载荷占比，提供采用颜色编码的计算结果。

5）具有将结算结果存入新报告、浏览现有报告及从现有报告导入数据的功能。

MotoSize 功能界面如图 1.4 所示。

2. ABB 公司的 RobotStudio

RobotStudio 是 ABB 公司以 Virtual Controller 为基础的机器人离线编程与仿真软件。除内嵌 ABB 公司专用机器人编程 RAPID 语言编辑器和代码调试功能外，RobotStudio 还具有如下功能。

1）创建机器人、外轴、工装、设备及传送带等机械装置。

2）创建末端执行器曲线路径。

3）创建系统布局，通过导入不同型号的机器人、底座、设备及工具，设计不同功能的工作站。

4）设置任务框架，使用“设置任务框架”功能在工作站内搬移系统。

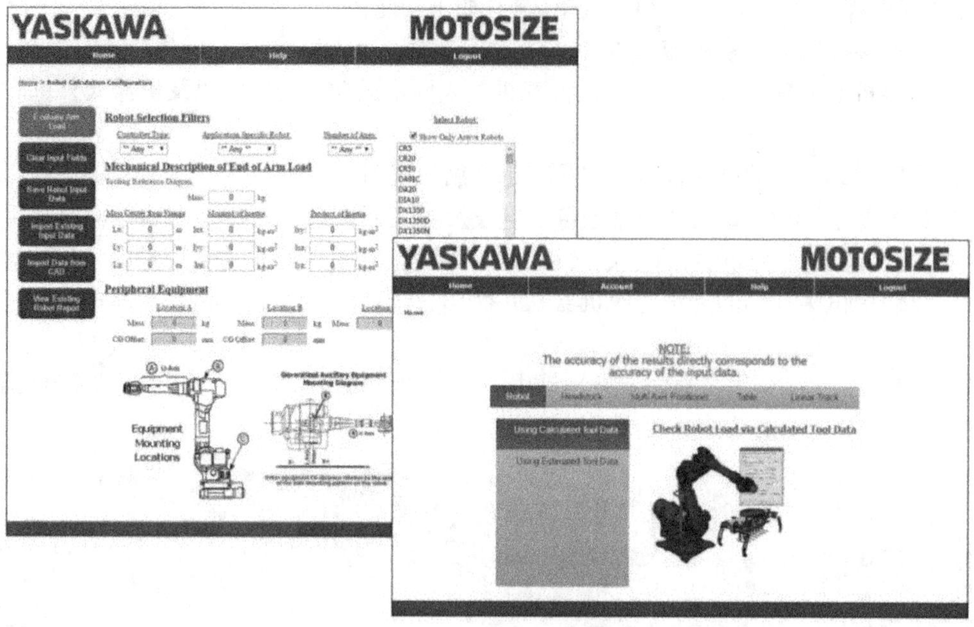

图 1.4

MotoSize 功能界面

5）具有工作站信号与事件管理器功能。

6）具有碰撞控制功能，可使用“碰撞设置”功能校验机器人路径是否存在障碍物。

7）具有可达性分析功能，可设置夹具和工件、校验目标是否均在机器人可达范围内。

8）具有数据压缩与加压功能，可将工作站及所属文件压缩为一个文件并解压，以便于人员间的协作与配合。

9）创建传送带并配置传送带跟踪系统，设置配备机器人和传送带的工作站，并创建传送带跟踪程序。

10）具有传输功能，可使用 Virtual Robot 技术将离线创建的 RAPID 程序通过网络下载至机器人控制器。

11）与 Flex Pendant 相配合来设计专用应用程序。

此外，RobotStudio 还提供 RobotStudio SDK 及 PC SDK 等 SDK 函数，便于使用 Visual C ++ 、Delphi 等编程语言设计专用的机器人离线编程与仿真软件。

RobotStudio 提供 30 天试用版，用户可以免费试用。其功能界面如图 1.5 所示。

3. KUKA 公司的 KUKA SIM Pro

KUKA SIM Pro 是 KUKA 公司推出的机器人离线编程与仿真软件。KUKA SIM Pro 支持机器人的全生命周期，使用图形化编程系统来创建机器人的运行程序，并可模拟和优化现有的机器人程序。除离线编程与仿真功能外，还具有如下特色功能。

1）最高级别 CAD 性能，内置 CATIA V5、V6、JT、STEP、Real - DWG 等多种格式 CAD 文档导入功能。

2）具有全面的在线数据库功能，包含很多当前可用的机器人机型，可实现多种型号机

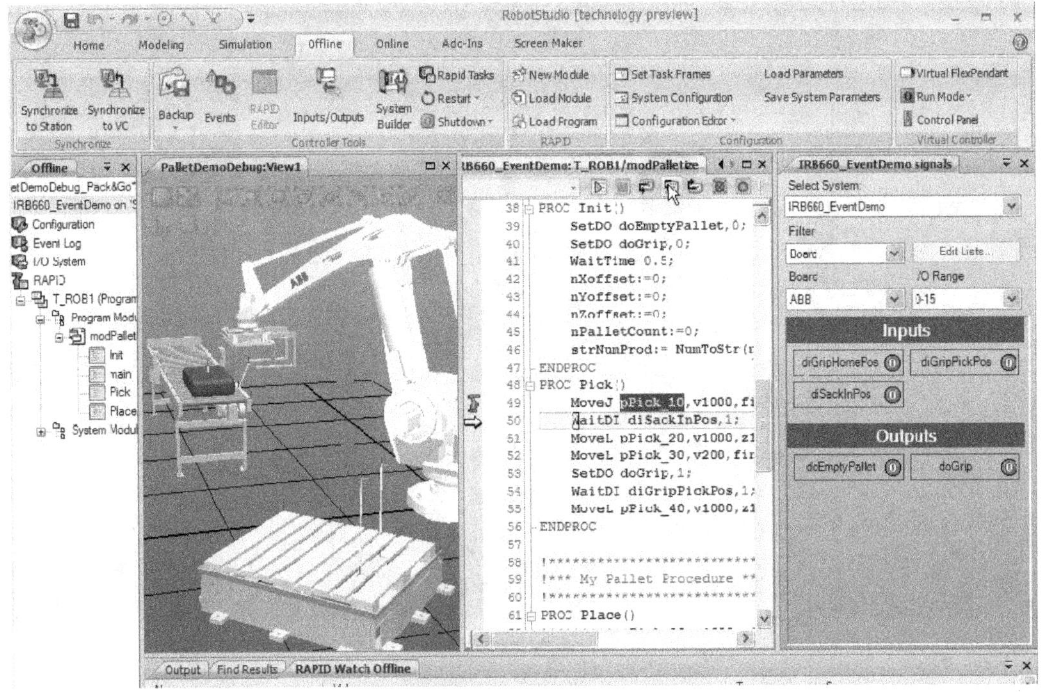

图1.5

RobotStudio 功能界面

器人的导入。

3）具有可配置的碰撞检查和距离控制功能。

4）具有 2D 图样 Real - DWG 导出功能。

5）具有 HD - AVI 视频和 3D - PDF 导出功能。

6）具有 3Dconnexion 等 3D 鼠标支持功能。

7）支持多种通信接口和协议，用于 Beckhoff TwinCAT、CodeSys、Siemens PLCSIM Advanced（Tia Portal）PLC 连接的 OPC - UA 接口。

8）可用于自行创建组件的建模页面。

9）支持 Mobile Viewer 应用程序。

10）附加 VR 硬件，支持虚拟现实功能。

11）无需 KUKA. OfficeLite，具有确定生产节拍的功能。

KUKA SIM 具有 2.0、2.1、2.2 及 3.1 等多个版本，至 2019 年 7 月底，其最新版本为 Pro 3.1。同时，KUKA SIM 对硬件要求较高，需要 64 位系统、双核 CPU、8G RAM、分辨率不小于 1024 × 768 1GRAM 的显卡及 DirectX 9.0 的支持。

KUKA SIM Pro 3.1 功能界面如图 1.6 所示。

此外，常用的机器人离线编程与仿真软件还有 FANUC 机器人公司的 Roboguide 和川崎机器人公司的 K - ROSET 等，这些软件还普遍配置有焊接、码垛等工程实例，以便于设计人员入门和学习。

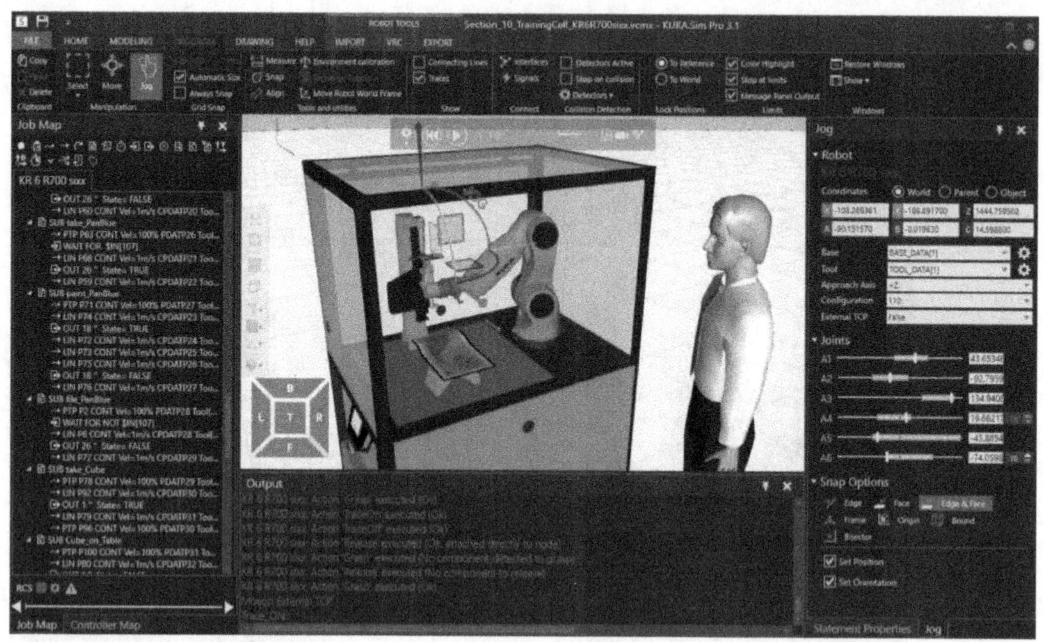

图 1.6

KUKA SIM Pro 3.1 功能界面

1.3.2 通用离线编程与仿真软件

1.3.1 节所述机器人离线编程与仿真软件皆属于专用软件，仅适用于本公司的机器人。为扩大软件适用范围，国际上也出现了一些通用离线编程与仿真软件。常见的有 RobotMaster、RobotWorks 和 RobotART 等。

1. RobotMaster CAD/CAM

RobotMaster CAD/CAM 是加拿大 Hypertherm Inc. 的离线编程软件。通过“无缝”集成 CAD/CAM 功能，RobotMaster 可同时提供离线编程、仿真模拟与代码生成功能，能快速生成准确无误的机器人轨迹程序。作为高度集成性软件，其具有免示教的精确轨迹生成、一键式交互仿真（编辑）、机器人动作自动优化等功能及多品牌兼容的特点。以可视化和优化功能为基础，RobotMaster CAD/CAM 具有如下功能。

（1）优化功能　RobotMaster 提供可视化的问题描述和优化策略，以轻松获得最佳机器人程序。无需逐点干预，即使在只有极小优化空间的条件下，它的完全交互特性也能提供最佳解决方案。不需要很多的机器人专业知识和烦琐的试错调试操作，RobotMaster 可提前进行程序验证。功能的具体体现如下。

1）可视化地显示所有潜在问题，并按类型和颜色显示在屏幕上。

2）可按照用户设定，生成和排列所有可能的解决方案。

3）在问题区域，只需几次点击就可优化路径，解决问题。

4）可同时优化刀具旋转、刀具倾斜、导轨和旋转位置等多个参数。

（2）工作空间分析功能　结合实时可视化和验证技术，通过点击和拖动这两个简单动作即可解决机器人工作范围和工件位置的问题，成为调整工作站，配合和确定工件最佳位置的重要工具。功能的具体体现如下。

1）可视化所有路径对应的任务空间

2）使用点击和拖动动作即可修正工件位置姿态，并且动作对所有路径的影响会被实时显示出来。

（3）跳转点管理功能　可轻松实现无碰撞路径间的跳转，最大限度地缩短生产节拍。如：①创建安全的过渡路径来完成机器人的路径跳转。②具有自动和半自动的交互工具来避免错误和碰撞。③可自动优化机器人的姿态和配置，以使其轻松跳转至下一任务。

（4）三维曲线加工功能　具有集成式的、功能强大的三维曲线编程功能，可轻松创建最优程序。功能的具体体现如下。

1）在任何CAD模型的复杂边缘上，均可轻松实现一键式轮廓识别和编程。

2）无需复杂的CAD/CAM技巧，即可轻松完成路径编辑功能。

3）可动态调整工具姿态，以适应多种工况要求。

（5）外部轴管理功能　可对包括外部轴在内的机器人单元进行集成式管理，轻松控制包括导轨和旋转轴在内的所有轴的运动并进行优化。如：①可仅对外部轴进行变位编程，也可与其他轴实现完全协同运动。②可自动组合同步外部轴的动作，以获得理想的工具姿态和位置。③支持所有外部轴的优化。

（6）工艺定制功能　可完全定制精简、专用用户界面，并设置和管理最佳参数。功能的具体体现如下。

1）可通过定制化界面来简化或定制焊接和切割等用户工艺参数设置操作。

2）可在系统级别、路径级别或点级别，创建、修改和控制工艺参数。

但是，RobotMaster CAD/CAM暂时不支持多台机器人同时模拟仿真。

常用的RobotMaster CAD/CAM功能界面如图1.7所示。

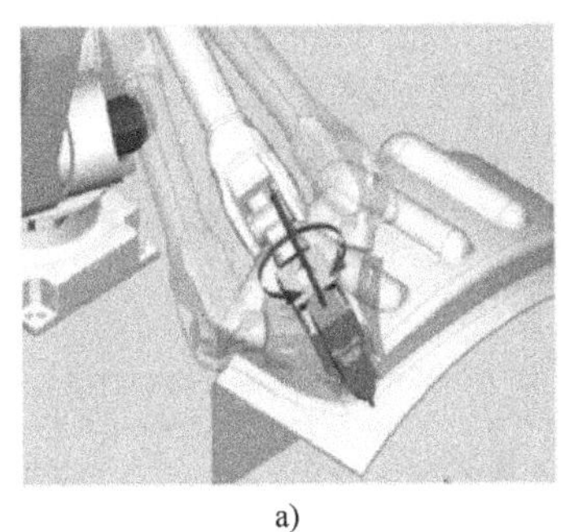

a)

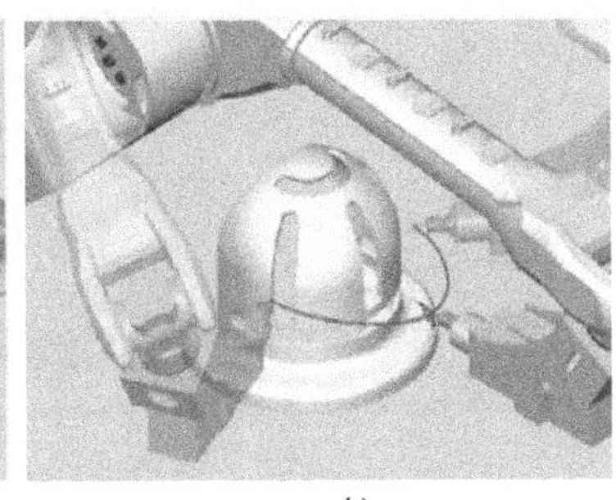

b)

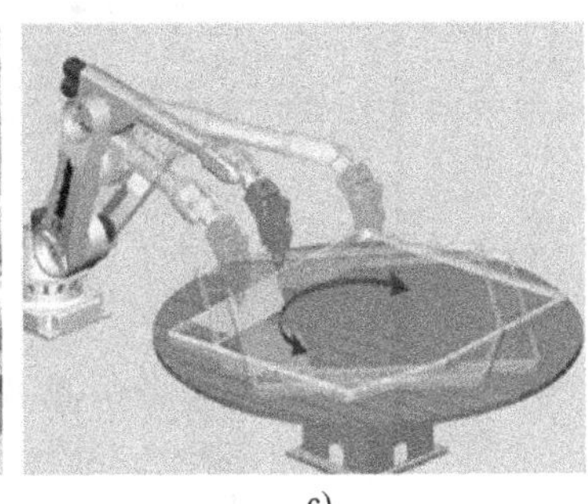

c)

图1.7

RobotMaster CAD/CAM功能界面

2. RobotWorks

RobotWorks是Compucraft Ltd. 推出的基于SolidWorks平台的工业机器人离线编程与仿真软件，可作为SolidWorks插件使用。利用其独特的“零件驱动机器人”技术，RobotWorks可以设计机器人工作单元、仿真机器人运动并创建机器人程序；在SolidWorks软件内，可沿着CAD零件的表面、边界和曲线创建高精度路径；可快速创建、修改或调整已设计的复杂路径，并下载至控制器中。

此外，RobotWorks 还具有如下实用功能。

1）具有全面的数据接口。可导入 IGES 、DXF 、DWG 、PrarSolid、Step、VDA 及 SAT 等标准格式 CAD 图形。

2）具有强大的编程能力。只需简单四步，即可将 CAD 模型转换为机器人的加工代码。

3）具有强大的工业机器人数据库。支持市面上大多数主流工业机器人，并提供各型号工业机器人的三维数据模型。

4）具有“完美的”仿真模拟功能。其独特的机器人加工仿真系统可自动检查机器人手臂、工具与工件间的碰撞，进行轴超限检查，删除或调整不合格路径，自动优化合理路径，减少空跑时间。

5）具有开放的工艺库定义功能。提供完全开放的加工工艺指令文件库，用户可按照实际需求定义、添加、设置专用工艺，并将指令输出至机器人加工数据。

RobotWorks 提供抛光、去毛刺、焊接、切割、涂装及外部轴等多种功能，在这些领域有较为广泛的应用。但其无 CAM 功能，编程较为烦琐，机器人运动学规划的智能化程度低。生成轨迹的方式多样化、支持多种机器人和外部轴是其最大优点。

RobotWorks 功能界面如图 1.8 所示。

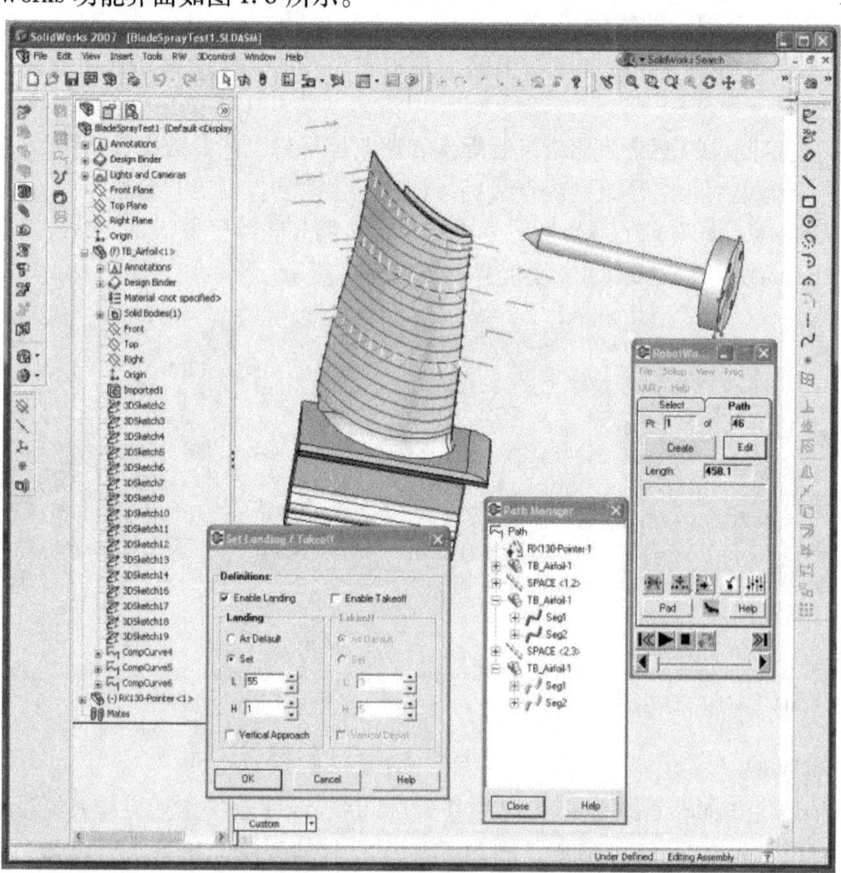

图 1.8

RobotWorks 功能界面

3. RobotArt（PQArt）

RobotArt是北京华航唯实机器人科技股份有限公司推出的一款工业机器人离线编程和仿真软件。在高性能3D平台、在线数据通信与互动技术、基于几何拓扑与历史特征的轨迹生成与规划技术、事件仿真与节拍分析技术、自适应机器人求解算法与后置生成技术、支持深度自定义的开放系统架构技术基础上，RobotArt集成了基于几何模型拓扑信息的机器人运动轨迹生成、轨迹仿真、路径优化、后置代码生成、碰撞检测、场景渲染、高逼真度的模拟动画输出等多项实用功能。

2019年6月，RobotArt经代码重新设计和更新后更名为PQArt。PQArt具有完全自主知识产权，支持个性化定制，支持市面上绝大部分主流型号机器人，还可根据客户具体需求定制面向特殊需求的打磨、去毛刺、焊接、激光切割等专业解决方案。PQArt可大幅缩短编程时间，提高机器人运动轨迹精度和利用效率。

此外，常用的机器人离线编程与仿真软件还有VRT-DK、RoboDK、InteRobot、HiperMOS及RobotLive等。这些软件各具特色，轨迹生成与优化、碰撞检测、可达性分析及后置代码等核心功能逐渐接近或超过国际水平，已经初步具备与RobotMaster CAD/CAM、RobotWorks等国际知名软件竞争的实力，成为我国科技发展水平的重要标志。

第2章 基础知识与概念

离线编程与仿真涉及众多知识和内容，尤其是涉及机器人坐标系、工作空间、轨迹及工作站等概念，存在很多容易混淆的概念。为厘清机器人离线编程与仿真中的众多概念，并便于讲述软件使用方法，本章将重点讲述机器人坐标系与工件位姿、工作空间与可达空间、PTP 轨迹与 CP 轨迹规划、轨迹插补与组合轨迹、POS 点与 Home 点、运动学逆解、计算机图形学、通用图形软件格式、工作站与工作站库、后置等方面的内容。

2.1 机器人坐标系与工件位姿

工业机器人有众多参数，最常见的有控制轴数、有效载荷、最大负载、最远可达距离、重复定位精度、功率、各轴最大运动角度、最大角速度、最大角加速度、各轴转动惯量及各关节长度等各机械结构、运动学、动力学及功率等方面的相关参数。这些参数可以理解为机器人的独立参数，与外部工件和夹具等无关。

位置描述在离线编程与仿真理论体系中具有实际意义。位置描述是通过设定坐标系，描述机器人、工件或夹具等在这个坐标系中的位置。一般情况下，坐标系可分为固定坐标系、机器人坐标系、工具坐标系和工件坐标系等。其中，固定坐标系 $\{OXYZ\}$ 一般固定在地面或某个固定不动的平面上，$\{XOY\}$ 为水平面，OZ 轴垂直 $\{XOY\}$ 平面向上。机器人坐标系 $\{O_rX_rY_rZ_r\}$ 一般固定在机器人底座的上表面或下表面，原点 O_r一般为机器人底座上表面或下表面的中心，O_rZ_r一般垂直 $\{X_rO_rY_r\}$ 平面向上。顾名思义，工具坐标系 $\{O_tX_tY_tZ_t\}$ 是与工具相关的坐标系，可按照安装的夹具和实际工况需要设定。在没有安装末端执行器时，工业机器人默认的工具坐标系 O_tZ_t轴一般沿第五轴的轴向向外，在第五轴处于零位时，$\{X_tO_tY_t\}$ 平面与末端面重合，O_tY_t轴水平。工具坐标系一般简称为 TCP 坐标系，原点 O_t一般称为 TCP 点。工件坐标系 $\{O_cX_cY_cZ_c\}$ 可根据工件形状和具体的作业确定。无论如何设定，每个坐标系都必须满足右手法则，即 $\boldsymbol{OZ} = \boldsymbol{OX} \times \boldsymbol{OY}$。习惯上，固定坐标系也称为惯性坐标系。

一个由两个机器人组成的较为典型的固定坐标系、机器人坐标系、工具坐标系和工件坐标系如图 2. 1a 所示，默认的工具坐标系如图 2. 1b 所示。

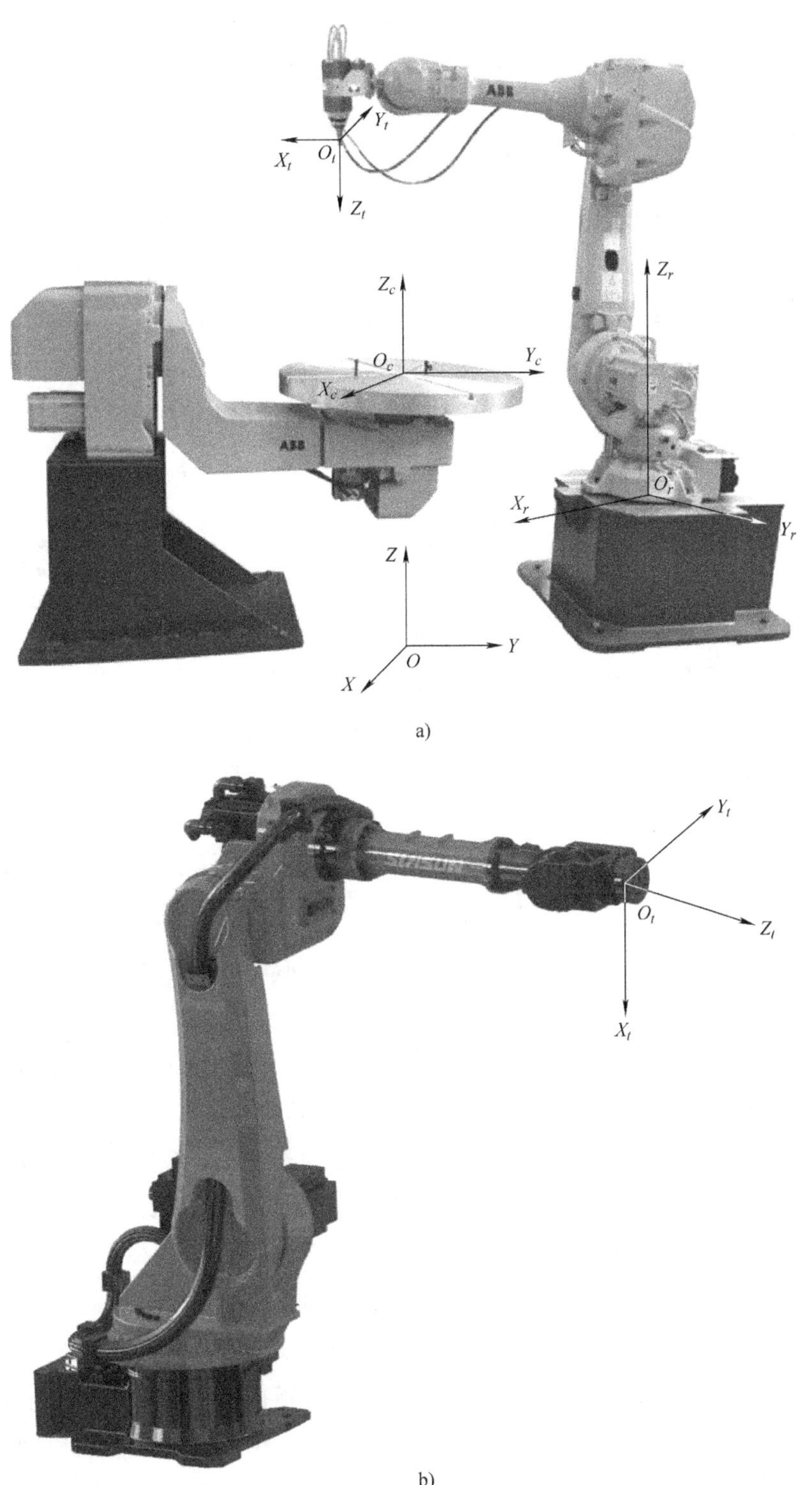

图 2. 1

坐标系

在机器人作业系统中，工件位置至关重要。在不同坐标系中，工件位置不同，常用的描述有绝对位置和相对位置两种形式。所谓绝对位置，就是在惯性坐标系｛$OXYZ$｝中的位置，相对位置是在其他坐标系中的位置，绝对位置与相对位置可通过矩阵变换进行换算。工件位姿是工件位置和姿态的合称，可以在工件坐标系中描述，也可以在惯性坐标系或工具坐标系中描述。当然，在不同坐标系中，描述出来的姿态是不同的。为实现工具、工件、焊缝等的描述的一致性，工件位姿必须在惯性坐标系中描述，或者从其他坐标系转换至惯性坐标系中。惯性坐标系是描述实现机器人离线编程与仿真的基础和关键。

在作业过程中，机器人不可避免地会与外部工件发生力和力矩的相互作用。这种力和力矩作用是系统之间的内力，只有对机器人和接触的工件或工装夹具进行受力分析时才有工程意义。与机器人学不同，本书不对机器人和工件之间的相互作用力进行分析和讨论，更多内容可参考理论力学书籍的相关章节。

2.2 机器人工作空间与可达空间

自定义机器人

工作空间是一种重要的运动学指标和概念，与机器人运动学、逆解及运动规划等密切相关，其作用是衡量机器人的活动范围。

工作空间与机器人各关节位置及关节运动范围有关，是机器人一个非常重要的参数。在概念上，六轴工业机器人的工作空间就是机器人在不安装末端执行器时，作为参考点的第五轴的轴心可以达到空间点的最大集合和范围，又称为工作范围。

工作空间形状与机器人构型、各关节运动范围及基座安装方式密切相关。直角坐标型机器人和圆柱坐标型机器人的工作空间分别是矩形六面体和开口空心圆柱体。在不考虑末端执行器时，极坐标型和关节式机器人的工作空间分别是空心球面体和球体。实际上，因末端执行器转动副结构的限制，极坐标型机器人的工作空间是一个扇形截面旋转而成的空心开口截锥体，关节式工业机器人的工作空间则是由几个球体相交得到的空间复杂形状，厂商一般都会在产品手册或规格书中提供详细和具体的工作空间参数。

为便于说明和直观表示，工作空间普遍采用水平面和竖直面内的投影，也就是俯视图和侧视图表示。侧视图一般给出最大的工作空间及极限范围时的包络线。俯视图则一般给出旋转角度范围，特别是第一轴的旋转空间范围。因侧视图大致呈字母“C”的形状，故工作空间又称为 C 空间。例如，一种工业机器人的工作空间如图 2.2 所示。

机器人的工作空间有可达工作空间、灵巧工作空间及全工作空间三种类型。其中，可达工作空间是机器人末端可达点的集合，灵巧工作空间是指在满足给定位姿时机器人末端可达点的集合，全工作空间则是指给定所有位姿时，机器人末端可达点的集合。由此可见，机器人可达工作空间范围大于灵巧工作空间，灵巧工作空间范围大于全工作空间。作业时，工件必须位于机器人全工作空间内，这是系统稳定可靠工作的必备条件。

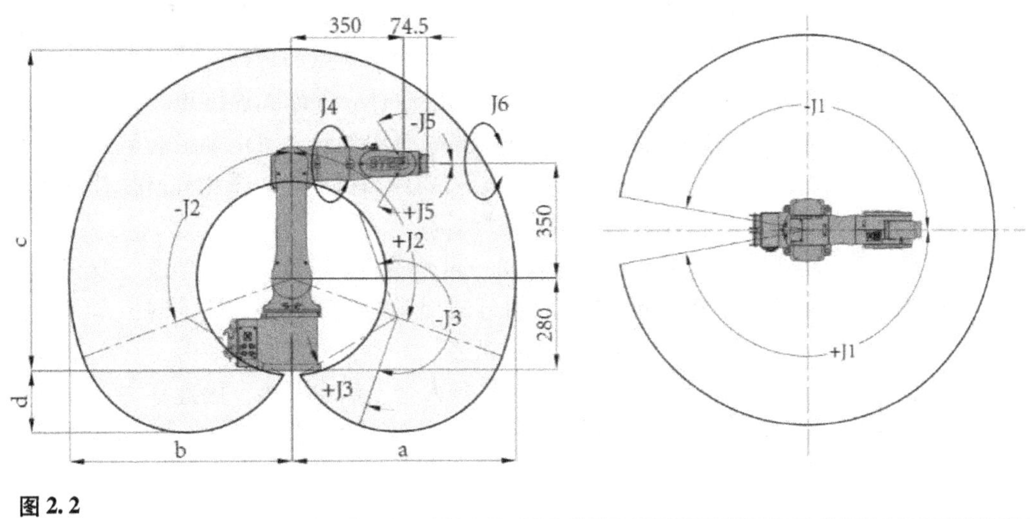

图 2.2

一种工业机器人的工作空间

2.3　PTP 轨迹与 CP 轨迹规划

焊接是重要的工业生产工序，很多复杂的零件是通过焊接来实现的，尤其是某些形状和结构复杂或由不同材料构成的零件更需要焊接工序。焊接机器人也是工业机器人的重要种类，依据 2018 年上半年的统计数据，焊接机器人占到全部工业机器人的 6%，仅次于搬运（上下料）机器人和装配机器人。

无论是点焊机器人还是弧焊机器人，都用于实现焊缝的跟踪和焊接功能。在数学上，焊缝为与函数描述相对应的空间曲线，机器人首先需要完成的就是对这条曲线的跟踪。在固定坐标系中，焊缝一般可使用函数 $z = f(x,y)$ 描述，并且该函数在数学上是连续和可导的。这种可以使用一个函数表示，数学上是连续和可导的轨迹就是连续轨迹，简称为 CP（Continuous Point）轨迹。

但在实际的焊接等工程作业中，机器人是沿着离散后的轨迹点运动的。这些从连续轨迹上按照特定间隔取出来的离散点，就是机器人的实际工作点。这些用于实际工作的离散点组成的轨迹，就是 PTP（Point To Point）轨迹。

可以这样认为，CP 轨迹是机器人的目标轨迹，但在实际应用中需要离散为独立的工作点，机器人沿着这些离散的工作点运动形成的轨迹就是 PTP 轨迹，PTP 轨迹是机器人实际运动的轨迹。CP 轨迹与 PTP 轨迹一般不完全重合，从数学上讲，PTP 轨迹是 CP 轨迹的近似和逼近。

规划 PTP 轨迹的方法和过程就是 PTP 轨迹规划，规划 CP 轨迹的方法和过程称为 CP 轨迹规划。PTP 轨迹规划及 CP 轨迹规划属于机器人运动规划方面的内容，可参见相关书籍。

2.4　轨迹插补与组合轨迹

轨迹插补是与轨迹规划密切相关的一个概念，规划轨迹之后往往伴随着轨迹插补。由于机器人可达空间限制、关节运动范围限制、速度连续性及最大速度限制等原因，PTP 轨迹或 CP 轨迹上的离散点未必全部可用。删除不可用 PTP 点或 CP 点后，需要将这些离散的 PTP 点或 CP 点重新组合为一条新的连续轨迹，这就是轨迹插补。考虑到速度连续或加速度连续等条件，工程上经常采用五次样条插补算法来形成新的插补轨迹。此时，插补轨迹与原始轨迹存在一定的误差，只要其在可接受范围即可。若需要提高精度，可采用高阶插补算法，但会带来计算量的显著增加及对硬件要求的指数性增长。

顾名思义，组合轨迹就是若干条轨迹组合在一起形成的新轨迹。组合轨迹一般有两种情形。第一种情形是在两条独立 PTP 轨迹或 CP 轨迹的相邻端点处插补，插入的工作点需要将这两条独立的轨迹连接形成连续 PTP 轨迹或 CP 轨迹，多用于焊接或涂装等工序。第二种情形是一条连续的 PTP 轨迹或 CP 轨迹未全部位于机器人全工作空间内，因此存在无法达到的点或姿态无法满足的工作点。此时，需要将这些未在机器人全工作空间内的工作点删除，而将原连续的 PTP 轨迹或 CP 轨迹分割为若干较短的 PTP 轨迹或 CP 轨迹。再在这些删除的工作点处使用插补等算法，将断开的 PTP 轨迹或 CP 轨迹重新连接成一条连续的 PTP 轨迹或 CP 轨迹，这是组合轨迹比较常见的情形。

2.5 POS 点与 Home 点

POS 点与 Home 点是机器人离线编程中非常重要的概念，用于标识轨迹上点的性质和类型。

POS 点也称为过渡点或趋近点。在两条独立的 PTP 路径或 CP 路径中间插入的、用于将其连接为一条连续工作路径的工作点就是 POS 点，位于轨迹端点附近。POS 点主要有三个作用：①当机器人在两点间走直线时，插入 POS 点可有效避免机器人及工具与工件的碰撞；②激光切割等作业一般包含打孔和切割等多个工序，若打孔位置在切割轨迹上，将直接影响切割面的质量，插入 POS 点可解决打孔和切割轨迹的干涉问题；③将多个独立 PTP 轨迹或 CP 轨迹连接为一条连续的工作轨迹时，插入 POS 点后将生成一条连续的 PTP 轨迹或 CP 轨迹。POS 点可根据需要命名。

Home 点就是机器人工作开始前和工作结束后停留的位置，即工作轨迹的起点和终点。根据需要，在轨迹两端的 Home 点中间会有若干工作点、趋近点、离开点和过渡点等 POS 点，以组成连续工作轨迹。

2.6 机器人运动学逆解

机器人运动学逆解是求解机器人运动学问题的逆过程，用于在机器人末端执行器位姿一定时求解各关节转角和速度。其表达式一般是

$$\theta = \boldsymbol{J}^{-1}\boldsymbol{X} \tag{2.1}$$

式中，θ 是待求的各关节转角；$\boldsymbol{J}$ 是系统的雅可比矩阵；$\boldsymbol{X}$ 是机器人末端执行器位姿。从数学角度看，机器人运动学逆解就是一个矩阵求逆的过程。由于空间的对称性，工业机器人一般有六组运动学逆解，因此，还需要根据能量最省、运动路径最短等优化条件确定其中的一组解。

机器人存在逆解的条件是，其雅可比矩阵 J 满秩，也就是 J 必须存在其逆矩阵 J^{-1}。只有存在逆矩阵 J^{-1} 时，才存在机器人的运动学逆解。运动学逆解是机器人离线编程与仿真的基础和核心。离线编程时，应在 PTP 轨迹或 CP 轨迹上根据各工作点的位姿依次求解所需的机器人关节角度，再根据插补和采样时间确定各关节转动角速度，即可通过运动学逆解方法实现 PTP 轨迹和 CP 轨迹。可以说，没有运动学逆解过程就无法得出作业过程中机器人各关节的转角和速度，也就不存在机器人离线编程和仿真。

2.7　计算机图形学

计算机图形学（Computer Graphics，CG）不是新概念或新技术，是计算机技术与 CAD 技术的结合，是一种使用矩阵运算等数学方法将设计人员设计的二维和三维图形转化为计算机显示器可显示的栅格形式的科学，其主要是研究如何使用计算机表示图形、利用计算机进行图形运算、处理和显示的相关原理与算法。计算机图形学最早是在机械设计方面得到成功应用，其理论基础是矩阵运算和变换。典型的是，机械设计软件的等轴测显示，以及转换为 2D 图样时的主视图、俯视图、左视图及剖视图等就是通过矩阵运算实现的。

计算机图形学是机器人离线编程与仿真技术图形学方面的基础，主要研究对象是机器人、基座、末端执行器及工作站等实物上点、线、面、体、场的数学构造方法及图形显示技术。在机器人离线编程与仿真中，计算机图形学包括表示、交互及绘制三个任务。所谓表示，就是机器人、基座、末端执行器及工作站等三维实物在离线编程与仿真虚拟空间中的建模问题；绘制就是将计算机中已建模的机器人、基座、末端执行器及工作站等以直观形象的图形、图像或动画表现出来的技术；交互则是使用鼠标、键盘等计算机输入装置和显示器等输出设备，以有效、高效方式的实现"表示"与"绘制"的技术，用来解决机器人与人的交互问题。

前面提到的安川公司 MotoSim EG、MotoSim EG - VRC 及 MotoSize，ABB 公司 RobotStudio，KUKA 公司 KUKA SIM Pro 就是计算机图形学在机器人离线编程与仿真领域的非常成功的应用，"完美"解决了表示、交互及绘制等任务。

计算机图形学已经在计算机辅助设计与制造（CAD/CAM）、计算机辅助教学（CAI）、计算机三维动画、计算机游戏、科学计算可视化及无人驾驶、虚拟与增强现实（VR/AR）等领域得到成功应用。

2.8　通用图形软件格式

据不完全统计，目前市面上有不少于 20 种的免费和非免费机械 CAD 软件。除常用的 AutoCAD、Inventor、SolidWorks、Solid Edge、CATIA、UG、Pro/E（Creo）和 Mastercam 外，还有 FreeCAD、BRL - CAD 及 OpenSCAD 等非主流软件。这些软件界面不同，功能有所差异，但都具有强大的机械 3D 建模和设计能力。

这些软件无法共享设计图样和 3D 结构图的主要原因是，这些软件支持的文件格式不同。例如，SolidWorks 采用 SLDASM 格式的装配图文件、SLDPRT 格式的三维设计文件和 SLDDRW 格式的二维图样文件。这些专用文件格式一般无法直接在其他软件中打开，极大限制了三维结构图和二维图样在不同设计软件中的交流。为此，这些软件普遍提供了对VRML、STL、STEP及IGES等通用文件格式的支持。只要将在一种设计软件中设计的文件存储为这种通用格式，即可非常方便地在其他软件中打开、查看或修改。

2.8.1 VRML文件格式

VRML（Virtual Reality Modeling Language，虚拟现实建模语言）是一种用于三维建模的描述性语言，是虚拟现实中使用的实时3D着色引擎，最初设计为用于在Web上欣赏实时的3D图像。VRML可作为在三维建模和动画应用中预先对前方场景进行着色的应用程序而独立运行，其基本目的是建立Internet上的交互式三维多媒体虚拟场景，具有分布式、多媒体集成及场景逼真等基本特征。

同时，VRML还具有如下功能和特点。

1）多种对象类型，包括立方体（Cube）、球（Sphere）、纹理映射（Texture Map）和变换（Transformation）等，以及描述各自对象的参数。

2）新对象节点（node），用于三维图形描述。

3）场景图（scene graph），用于节点的层次结构和顺序，其状态依赖早期节点并影响后来节点。

4）分隔符（separator），可将部分场景与其他部分独立。

此外，VRML采用类似C语言的结构化数据，易读性好，但其程序数据提取困难。与其他通用格式语言相比，VRML具有更强的三维模型表达能力，可支持材质、颜色及光照等常见属性的描述。

例如，一个描述球的VRML文件（.vrl）包含的语句如下。

```
#VRML V2.0 utf8
Shape
{     appearance Appearance             //描述外观属性
        {   material Material           //描述材质属性
              {  emissiveColor   1 0 0  //描述表面材质反射红光
              }
        }
      geometry Sphere                   //描述几何属性
        {   radius   1                  //描述球体半径为1个单位
        }
}
```

2.8.2 STL文件格式

STL（Stereolithography，光固化立体造型术）文件格式是用于快速原型制造技术的三维图形文件格式和接口协议，由多个三角形面片定义组成。其中，每个三角形面片定义包括三角形各顶点的三维坐标及面片的法矢量。

STL具有文本（ASCII）和二进制（Binary）两种文件类型，工程应用中普遍采用文本类型的STL格式。例如，一个典型的文本格式STL文件包含的语句如下。

```
solid filenamestl                    //文件路径及文件名
facet normal x y z                   // 三角面片法向量的三个分量值
    outer loop
    vertex x y z                     //三角面片第一个顶点的坐标
    vertex x y z                     // 三角面片第二个顶点的坐标
    vertex x y z                     //三角面片第三个顶点的坐标
    endloop
    endfacet                         // 第一个三角面片定义完毕
    ……
    ……
    endsolid filenamestl             //STL 文件编写结束
```

二进制格式的 STL 文件与文本格式的 STL 文件存在很大的不同。首先，二进制格式 STL 文件采用固定的字节数，也就是三角形面片数乘 50 再加 84 个字节来给出三角面片的几何信息并确定文件的大小；其次，它以三角形集合来表示物体外轮廓形状的几何模型，并进行模型数据有效性和模型封闭性检查以确保模型无裂隙、孤立边等几何缺陷，以及 STL 三角形几何体的封闭性检查。

STL 文件也有明显的缺点。其格式简单，只能通过封闭的面或体文件表示描述三维物体的几何信息，不支持颜色、材质及光照等信息和属性，也不能表达几何体间的拓扑关系和信息。另一方面，绝大多数产品零件具有多面体、圆柱、过渡圆弧等几何形体，因此，零件模型的拓扑运算较为烦琐，重构时间较长。

2.8.3 STEP 文件格式

STEP（Standard for the Exchange of Product Model Data，产品模型数据交互标准）是国际标准化组织工业数据分技术委员会（ISO/TC184/SC4）制定，包含零部件或构件所需的几何、拓扑、公差、关系、属性和性能等数据元素的国际统一 CAD 数据交换标准。

STEP 为 CAD/CAM 系统提供产品数据的公共资源和应用模型，规定了产品在生命周期内唯一的描述和计算机可处理的信息表达形式，使用了多种技术来保证在不同系统中的一致性，以便于产品数据的存取、传输和归档，涉及建筑、机械、电气、电子及船舶等工程领域。

STEP 格式有 AP203 和 AP214 两个版本。其中，AP203 支持实体和面的输入、输出，提供“配置控制设计”功能，内容包括产品的配置管理、曲面和线框模型、实体模型的小平面边界表示和曲面边界表示等，但不支持颜色设定功能。AP214 不仅支持实体和面的输入、输出，而且支持颜色设定功能，在飞机、汽车等制造行业得到广泛应用。

STEP 既是产品信息建模技术，又是面向对象思想方法的软件实施技术。STEP 提供 ASCII 码文件、访问内存结构数据的应用程序界面、共享数据库及共享知识库等四个层次的产品数据共享实现方法。STEP 具有数据范围广、精度高，通过应用协议消除了产品数据二义性，具有技术先进、易于集成的优点，已经成为国际公认的 CAD 数据文件交换统一标准，稍大型机械设计软件一般都提供了 STEP 接口及数据的导入和导出功能。

2.8.4 IGES 文件格式

IGES（Initial Graphics Exchange Specification，初始图形交换规范）是美国信息管理委员会规定的一种文件格式，也是各国广泛使用的事实上的国际标准数据交换格式，建立在波音公司 CAD/CAM 集成信息网络、通用电气公司中心数据库和其他各种数据交换格式的基础上，主要用于不同三维机械设计软件系统间的文件转换、传递和共享。

IGES 的最初版本仅限于描述工程图样的几何图形和注释，后来的版本逐渐将电气、有限元、工厂设计和建筑设计纳入其中。在 IGES4.0 中增加 CSG（Constructive Solid Geometry，体素构造法）和装配模型，而后又增加了新的图形表示法、三维管道模型及对有限元模型（FEM）功能的改进。修订完善的 IGES5.0 定义了 B－rep（边界表示法）模型，推动了 IGES 标准文件格式的广泛应用。

IGES 文件由标志（Flag）段、开始（Start）段、全局（Global）段、元素索引（Directory Entry）段、参数数据（Parameter Data）段及结束（Terminate）段中的五或六段组成。其中，标志段仅出现在二进制或压缩 ASCII 文件格式中。

一个 IGES 文件可包含任意类型和数量的元素。元素索引段包含元素信息，每项格式固定，索引项则提供元素索引并包含一些数据的描述性信息。参数数据段中的每项均与元素有关，提供特定元素的定义，其参数数据项格式和长度因元素不同而发生变化。每个元素的索引通过双向指针与参数数据项相互联系。

IGES 文件可通过 UG 、SolidWorks、CATIA 及 Pro/E（Creo）等主流三维机械设计软件打开或导入，但无法编辑和修改。

2.9 工作站与工作站库

工作站与工作站库是机器人离线编程与仿真技术中的重要概念，是离线编程与仿真控制对象的图形化表示和验证，也是计算机图形学在离线编程与仿真领域的应用与实现。

所谓工作站是指为实现具体的焊接、涂装、搬运或其他作业而需要的机器人、生产线、夹具、工具、工件及其他所需设备的总称和集合，是一个可以完成具体工况的机电自动化控制系统。为确保仿真的可靠性，工作站是按特定比例缩微后的实际场景，可以进行与实际工况相关的 TCP 校准、工件校准、轨迹生成、插入 POS 点及仿真等核心作业的设计与仿真验证。

为便于数据组织、管理、维护、更新、检索及升级，工作站相关的机器人、生产线、夹具、工具、工件及其他设备均采用数据库管理方式，这就是工作站库的由来。与其他软件类似，PQArt 离线编程与仿真软件则将场景搭建相关的设备按功能划分为机器人、工具和设备三大类，分别存储在机器人模型库、工具模型库及设备模型库中，以简化场景搭建过程并提高工作效率。

2.10 后置

后置是离线编程与仿真技术的重要概念和技术术语，是离线编程与仿真环节和机器人实际运行环节间的联系纽带，也是焊接等作业相关的运动控制代码在真实工作站上运行的基础。

所谓后置，就是将在 PQArt 软件上所做的全部仿真操作转化为机器人可执行的代码，并下载至运动控制器或示教器中实现真机运行的过程和技术。在离线编程与仿真时，增加 POS 点和 Home 点及插补后的组合轨迹才是机器人末端执行器等的实际运行轨迹，还需要使用软件内置的运动学逆解等功能求解机器人各关节转角等运动参数，再根据机器人控制器参数和 PID 等控制算法通过角速度和角加速度控制以实现所需的运动轨迹。从设计轨迹到实际运动轨迹的实现就是后置，也是将设计轨迹转换为机器人运行代码的实现过程。

2.11　本章小结

本章为介绍机器人离线编程与仿真概念的基础部分。根据场景搭建和生成机器人运行代码所需的知识和技术，为促进读者对后续内容的理解，本章较为详细和系统地介绍了机器人坐标系与工件位姿、工作空间与可达空间、PTP 轨迹与 CP 轨迹规划、轨迹插补与组合轨迹、POS 点与 Home 点、运动学逆解、计算机图形学、通用图形软件格式、工作站与工作站库和后置等有关概念和基础知识，为机器人离线编程与仿真奠定基础。

第 3 章
PQArt 集成开发环境

本章将详细讲述 PQArt 软件的安装与部署、软件界面及功能模块等方面的知识，为学习机器人离线编程与仿真技术奠定基础。

3.1　PQArt 软件安装与部署

3.1.1　PQArt 软件下载

PQArt 软件的下载非常简单，登录网站 http：//art. pq1959. com/Art/Download，单击顶端的“下载”按钮，打开如图 3.1 所示的“软件下载”对话框，选择要下载的软件版本。

软件下载

教育版/竞赛版下载需使用院校用户账号登录　　快速入门指南>

企业版下载 →　　教育版下载 →　　竞赛版下载 →

图 3.1

“软件下载”对话框

解压 PQArt 软件的 Zip 安装包，然后单击相应的 setup 文件，按照一般软件的安装方法安装。

3.1.2　PQArt 软件安装

以教育版为例，PQArt 软件的安装过程如下。

1）双击安装包解压文件夹内的“PQArt_Edu_x86_V9. exe”应用程序。

2）部分操作系统会自动弹出图 3.2 所示的“用户账户控制”对话框，单击对话框中的“是”按钮，系统便会开始安装 PQArt。

3）弹出图 3.3 所示的对话框。勾选“同意 PQArt 的用户许可协议”，单击“快速安装”

按钮，等待安装完成。

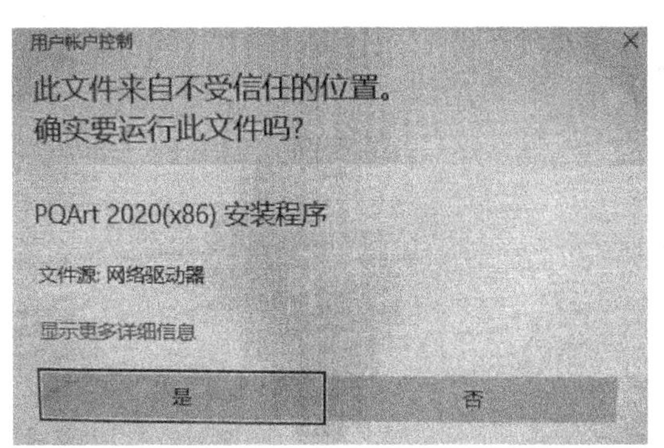

图 3.2

“用户账户控制”对话框

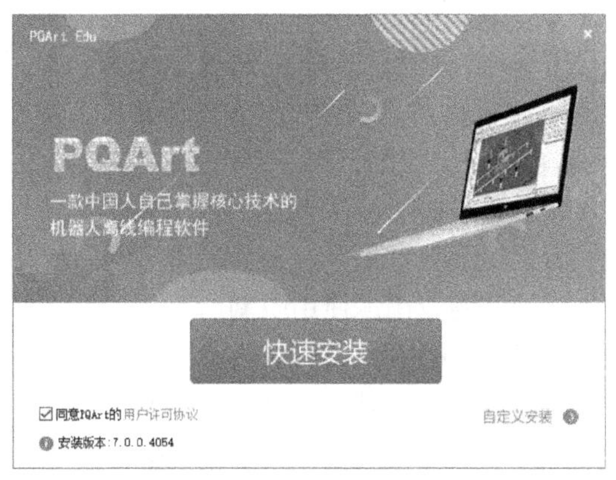

图 3.3

“快速安装”对话框

4）安装完成后，系统会弹出提示“安装完成”的对话框，如图 3.4 所示。

在“安装完成”对话框中单击“立即体验”按钮，即可打开登录界面，开始体验 PQArt 软件。若没有注册，需要勾选“立即注册 PQArt”注册后才可正常使用。

为确保软件的正确安装和可靠运行，PQArt 软件对计算机的软、硬件有一定要求。建议硬件配置为 Intel i5 或同类性能以上 CPU，4G 以上内存，1G 以上独立显卡。软件运行环境为 32 位或 64 位 Win7/Win8/Win10 系统，联网，关闭防火墙或对防火墙参数进行适当设置，以免防火墙影响软件的正常运行。

图 3.4

“安装完成”对话框

3.1.3　PQArt 软件许可

以教育版为例，首次运行 PQArt 软件时系统会弹出图 3.5 所示登录界面。

华航唯实公司许可用户在一台计算机或在一台网络存储设备（如计算机服务器）上安装和使用 PQArt 软件的一个副本。在网络存储设备上安装时，允许计算机通过网络访问和使用 PQArt 软件的许可副本，但用户必须为所有访问和使用 PQArt 软件的每台计算机单独获得许可，并且计算机数量不可超过总许可数。

按照相关法律规定，华航唯实公司针对升级版、教育版和非销售版等不同版本也提供了不同的许可形式。

1）升级版。若购买 PQArt 软件或经由年度许可获得 PQArt 软件升级版本的使用许可，用户必须首先获得升级软件的原始版本。安装升级版本后，不得继续使用原始软件，除非原始版本作为升级软件不可分割的一部分。

2）教育版。若购买教育版软件使用许可，用户必须是一个合格的“教育用户”。用户需要与华航唯实公司联系确认资格相关问题。教育版升级后仍然为教育版，且继续受教学和实习等非商业用途使用限制。

3）非销售版。若为演示、测试、评估或试用等非销售目的，用户除必须遵守软件协议规定的其他义务外，还被禁止在许可期限内用于上述目的之外的任何其他目的或在许可期限外继续使用 PQArt 软件。非经华航唯实公司书面同意，用户不得在许可期限届满后再次安装使用非销售版本。

图 3.5

登录界面

3.1.4 PQArt 软件资源

为便于用户快速学习和提高，华航唯实公司提供了软件的自动更新功能和大量的学习资源。

打开 PQArt 软件，在“机器人编程”面板依次单击“关于”按钮和“更新到最新版本”菜单，PQArt 就会自动更新到最新版本。

PQArt 软件提供了丰富的视频、图片、文字等在线教学资料，用户可随时随地进行软件应用方法和技巧的学习。登录华航唯实公司官方网站（https://art.pq1959.com），单击“学 Art”，网页会出现入门必读、进阶提高、使用手册和竞赛专题四个版块，便于用户快速学习和掌握该软件。

3.2 PQArt 软件界面

软件界面是离线编程与仿真软件中人机“对话”的重要窗口。PQArt 采用高效、稳定的三维显示内核，用户可在软件中建立工业机器人及其工作环境的三维模型，也可通过零件模型的几何特征或自绘的空间曲线来创建工业机器人运动轨迹，软件使用效率得到极大提高。其内容丰富、功能友好的软件界面，是 PQArt 离线编程与仿真软件的一大亮点和特色。

PQArt 运行界面包括菜单栏、标题栏、绘图区、机器人加工管理面板、调试面板、机器人控制面板、输出面板和状态栏等，如图 3.6 所示。

在 PQArt 软件界面中，标题栏用于显示软件名称和版本号；菜单栏涵盖 PQArt 场景搭建、轨迹生成、仿真、后置、自定义等基本功能；绘图区用于实现场景的搭建、轨迹的添加和编辑等功能；机器人加工管理面板由场景、零件、工件坐标系、外部工具、快换工具、状态机、机器人及工作单元八大元素节点组成，通过树形结构可轻松查看并管理机器人、工具

图 3.6

PQArt 运行界面

和零件等对象的各种操作；机器人控制面板用于控制机器人六个轴和关节的运动，可通过面板中的参数调整机器人姿态、获取坐标信息、读取关节运动参数及控制机器人回到机械零点等；通过调试面板可方便地查看并调整机器人姿态、编辑轨迹点特征；输出面板则用于显示机器人执行的动作、指令、事件和轨迹点的状态；状态栏包括视向等功能。

3.3　PQArt 功能模块

为便于用户使用，PQArt 还提供了众多功能模块，主要有机器人编程、工艺包、绘图区、机器人加工管理面板、机器人控制面板、输出面板、调试面板、状态栏及自定义等功能模块，现分别简要介绍。

3.3.1　机器人编程

机器人编程功能模块是 PQArt 的核心功能之一，提供场景搭建、轨迹设计、模拟仿真和后置生成代码等功能，包括“文件”“场景搭建”“基础编程”“工具”“显示”“帮助”六个功能栏。

1. “文件” 功能栏

PQArt 软件可打开和保存的文件是后缀为“. robx”的工程文件。“文件”功能栏如图 3. 7所示。提供工作站库、新建、打开、保存及另存为五个子功能。

1）工作站库子功能：提供九个教学工作站在线资源，库内的工作站文件可直接下载。

2）新建子功能：用于创建空白工程文档。

3）打开子功能：用于打开已存在的工程文件。

4）保存子功能：用于保存当前工程文件到指定位置。若当前文件是已保存文件，则将其保存到原位置。若当前文件是新建的文件，则可通过对话框选择保存位置。

5）另存为子功能：用于将当前文件另存到指定位置或更改文件名称后保存。

图 3.7

“文件”功能栏

2. “场景搭建”功能栏

软件打开后绘图区为空时，导入机器人、工具、零件、底座、状态机等工作设备和执行对象，进行工作环境的搭建，即为场景搭建。“场景搭建”功能栏如图 3.8 所示，提供机器人库、工具库、设备库及输入四个子功能。

图 3.8

“场景搭建”功能栏

1）机器人库子功能：用于导入官方提供的机器人，界面如图 3.9 所示。此界面采用网页形式，支持机器人品牌、型号的筛选、搜索和排序，支持市场上常见的机器人品牌，如 ABB、KUKA、安川等。机器人库子功能还提供机器人模型插入功能，在使用官方标准库中没有的机器人型号时，可单击“下载/插入”按钮来查找和插入。在弹出的界面中单击机器人图片，可查看机器人轴数、负载、工作区域等具体参数。此外，“看了又看”功能会推荐具有相似参数的机器人型号。

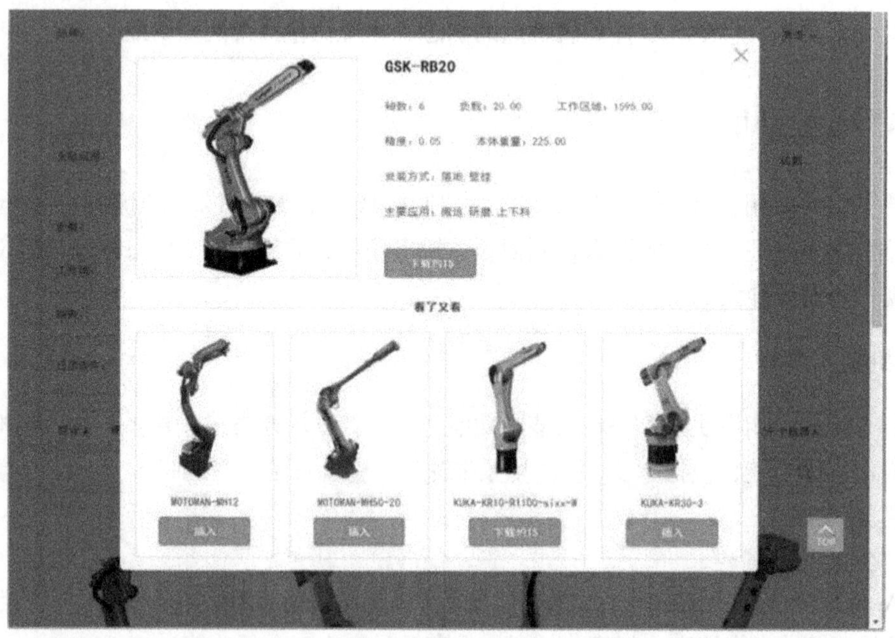

图 3.9

机器人库子功能界面

2）工具库子功能：用于导入官方提供的工具。需要注意的是，导入工具之前必须先导入机器人。否则，系统会弹出工具格式为 robt 的警告信息。与机器人库子功能相似，工具库子功能也支持筛选、搜索和排序。

Supported formats (*.ast *.bms *.brep *.brp *.iges *.igs *.iv *.jt *.obj *.off *.ply *.step *.stl *.stp *.vrml *.wrl *.wrl.gz *.wrz)
Alias Mesh (*.obj)
BREP format (*.brep *.brp)
Binary Mesh (*.bms)
IGES format (*.iges *.igs)
Inventor V2.1 (*.iv)
Jupiter Tessellation V8.0-V9.5 (*.jt)
Object File Format Mesh (*.off)
STEP with colors (*.step *.stp)
STL Mesh (*.stl *.ast)
Stanford Triangle Mesh (*.ply)
VRML V2.0 (*.wrl *.vrml *.wrz *.wrl.gz)
All files (*.*)

图 3.10

PQArt 支持的模型格式

3）设备库子功能：用于导入官方提供的零件、底座和状态机等。其中，零件包括场景零件和加工零件两种。场景零件用于搭建工作环境，加工零件则是机器人加工的对象。设备库子功能同样支持筛选、搜索和排序。

4）输入子功能：支持多种格式的文件导入到 PQArt 环境中。目前支持 obj、brep、bms、iges、iv、off、step、stl、ply、wrl 等模型格式，如图 3. 10 所示。

3. “基础编程” 功能栏

“基础编程” 功能用于初步生成机器人运行的路径和程序，具有机器人路径规划、模拟仿真机器人运动过程和状态、Web 动画显示机器人运行、生成后置代码等功能。是 PQArt 软件重要的核心功能。“基础编程” 功能栏如图 3. 11 所示，提供导入轨迹、生成轨迹、仿真、后置、输出动画、新建程序、新建轨迹及编译六个子功能。

图 3. 11

“基础编程” 功能栏

1）导入轨迹子功能：用于导入其他软件或 PQArt 生成的轨迹，使用该功能时系统弹出的 “打开” 对话框如图 3. 12 所示，系统目前支持 aptsource、nc 和 robpath 等格式轨迹文件。

2）生成轨迹子功能：用于生成机器人工作轨迹，即机器人运动路径。软件支持沿着一个面的一条边、面的外环、一个面的一个环、曲线特征、边及点云打孔六种轨迹生成方式，如图 3. 13 所示。

3）仿真子功能：用于形象逼真地模拟真实环境下机器人的运动路径和状态。

4）后置子功能：用于生成机器人的可执行代码并拷贝或下载至示教器，以控制真机运行。

5）输出动画子功能：用于将机器人的运动轨迹输出为动画，可通过微信扫码和复制链接用浏览器打开两种方式查看。

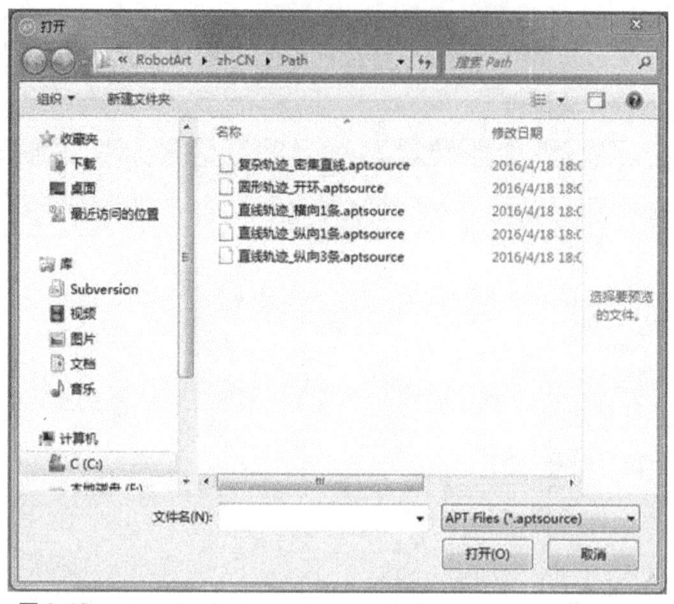

图 3.12

“打开”对话框

6）新建程序子功能：用于添加新程序，可在空白程序文档中输入程序代码，再在真机上运行。

7）新建轨迹子功能：用于新建一条不含轨迹点的空白轨迹。

8）编译子功能：用于获取轨迹点状态。

4. “工具”功能栏

“工具”功能栏提供辅助轨迹设计实用工具，具有三维球、测量、校准、新建坐标系、选项及示教器六个子功能，如图 3.14所示。

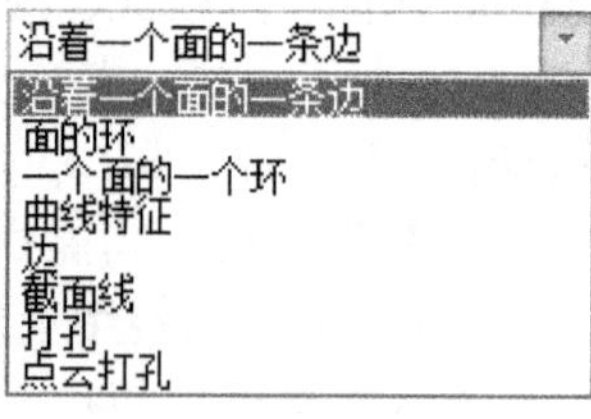

图 3.13

六种轨迹生成方式

1）三维球子功能：是 PQArt 软件的特色功能之一，用于工作场景搭建、轨迹点编辑、自定义机器人、零件工具等的定位，如图 3.15 所示。

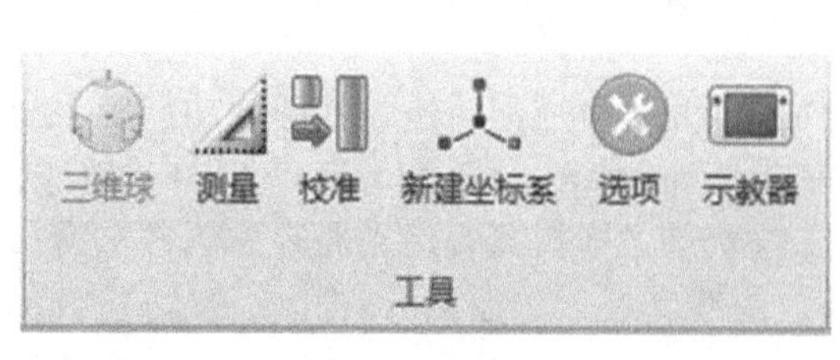

图 3.14

“工具”功能栏

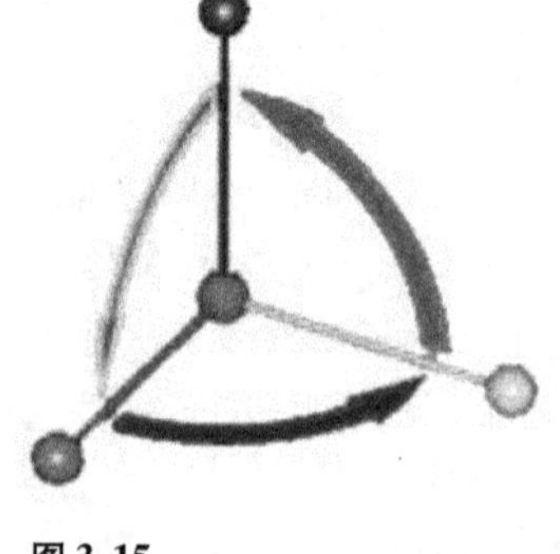

图 3.15

三维球子功能

2）测量子功能：用于场景内模型的点、线、面的间距、口径及角度等的测量。

3）校准子功能：用于调整虚拟环境下零件和机器人的相对位置关系，使之与真实环境一致；另外，还可校准外部工具与机器人或零件的相对位置。

4）新建坐标系子功能：用于自定义新的工件坐标系。

5）选项子功能：用于轨迹点、轨迹点姿态和序号、轨迹线、轨迹间连接线、TCP 等的显示和隐藏控制。

6）示教器子功能：用于模拟真实环境下的示教器，可控制机器人各关节的运动。

5. “显示”功能栏

“显示”功能用于场景中所有设备、机器人加工管理面板、设计环境、机器人控制面板、调试面板和输出面板等的显示和隐藏控制。“显示”功能栏提供管理树、控制面板、显示全部及显示时序图四个子功能，如图 3.16 所示。

图 3.16

“显示”功能栏

1）管理树子功能：用于机器人加工管理面板和设计环境面板的显示或隐藏控制。

2）控制面板子功能：用于调试面板、输出面板和机器人控制面板的显示或隐藏控制。

3）显示全部子功能：用于绘图区中隐藏模型对象的全部显示控制。

4）显示时序图子功能：用于显示所有机构的时间顺序。

6. “帮助”功能栏

“帮助”功能提供丰富的视频资料和文档资料，帮助用户迅速了解和轻松使用 PQArt。“帮助”功能栏如图 3.17 所示。

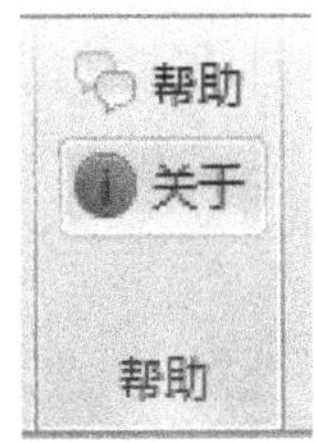

图 3.17

“帮助”功能栏

1）帮助子功能：提供与 PQArt 相关的学习视频和文档。使用该功能时，系统弹出的界面如图 3.18 所示。

图 3.18

“使用帮助”界面

在“使用帮助”界面中，“PQArt 基本信息”标签页可显示 PQArt 账号的基本信息，包括用户角色、账号剩余天数及账号的注册、激活、截止时间等。“个人信息”标签页用来显示用户姓名、性别、单位等个人信息，并支持对上述信息的修改。“安全设置”标签页用来绑定手机、QQ、微信、邮箱及显示/修改用户名、密码等。“使用帮助”标签页提供学习软件教程及疑难解答等功能。

2）关于子功能：显示 PQArt 版本号及账号的相关信息。单击关于图标后，系统会显示注销、切换账户、更新到最新版本及确定四个按钮，其功能分别如下。

注销：退出当前账号。

切换账户：使用其他账户登录软件。

更新到最新版本：将软件更新到当前最新版本。

确定：查看账号信息后退出关于子功能。

3.3.2 工艺包

工艺包功能强大，用来获取实现每个工艺的具体参数，是 PQArt 实现后置功能的重要手段。工艺包与工业机器人常用场景和功能密切相关，提供工艺包仿真、切孔工艺包、码垛工艺包、绘画工艺包、AGV 路径规划工作站、机器人餐厅工作站等功能，如图 3.19 所示。

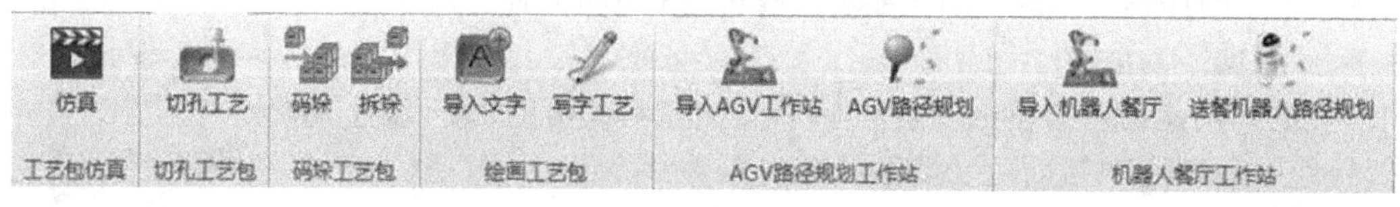

图 3.19

工艺包功能

应用工艺包仿真、切孔工艺包可非常简便地实现仿真和切孔工艺，码垛工艺包提供基础的码垛和拆垛功能，绘画工艺包提供在各类表面上写字的导入文字和写字工艺功能，AGV 路径规划工作站提供 AGV 工作站导入和 AGV 路径规划功能，机器人餐厅工作站则提供相应的机器人餐厅导入和送餐机器人路径规划功能。

3.3.3 绘图区

绘图区是软件界面中心的蓝色区域，用于场景搭建和轨迹的添加、显示和编辑等。导入的对象和对对象的各种操作，只要没有选择隐藏，都会显示在绘图区中，如图 3.20 所示。

为统一确定并正确显示机器人、工件及夹具等的位姿，绘图区提供了显示模型位姿的屏幕坐标系，其原点位于左下角，三轴分别用红、绿、蓝显示。在实际仿真中，此屏幕坐标系具有与惯性坐标系相同的作用和功能。

3.3.4 机器人加工管理面板

机器人加工管理面板与加工管理相关，用于全局浏览所有模型和操作，便于管理、操作和查看所有目标对象。软件启动后，机器人加工管理界面位于绘图区左侧，如图 3.21 所示。

最上侧的“工作的设备”下拉列表框用于选择处于工作状态的设备，一般是机器人，

图 3.20

绘图区

如图 3.22 所示。若需使用与当前机器人不同的机器人，可在下拉列表框中单击选择。

机器人管理面板使用节点管理法，提供场景、零件、工件坐标系、外部工具、快换工具、状态机、机器人及工作单元八个节点。机器人节点下还有工具、底座、轨迹和程序等子节点，十分便于浏览和管理。PQArt 还提供了节点展开和收起功能，单击 ⊞ 可查看该条目下的所有子节点，单击 ⊟ 可收起子节点列表。

一般来说，在每个子节点上单击鼠标右键，系统弹出的快捷菜单都会包括该对象的所有操作，可快捷方便地选择要进行的操作。例如，在“程序”下的子节点“PQArt-Main”上单击鼠标右键，系统弹出的快捷菜单就包含了“编辑程序”“导出程序”“删除程序”　“重命名”四种功能选项，如图 3.23所示。

图 3.21

机器人加工管理界面

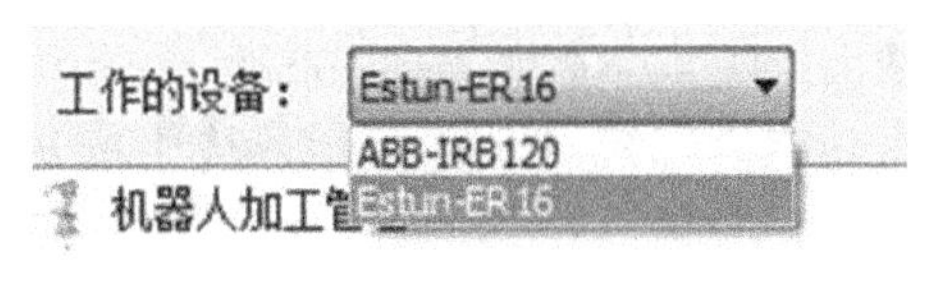

图 3.22

选择当前工作的设备

3.3.5　机器人控制面板

机器人控制面板位于软件界面右侧，分为机器人空间和关节空间两个部分，用于控制机器人关节运动、调整关节姿态或读取关节值，也可用于使机器人回到机械零点，即机器人出厂时的初始姿态。机器人控制面板有机器人空间、关节空间和 HOME 点三个区域，其界面如图 3.24 所示。

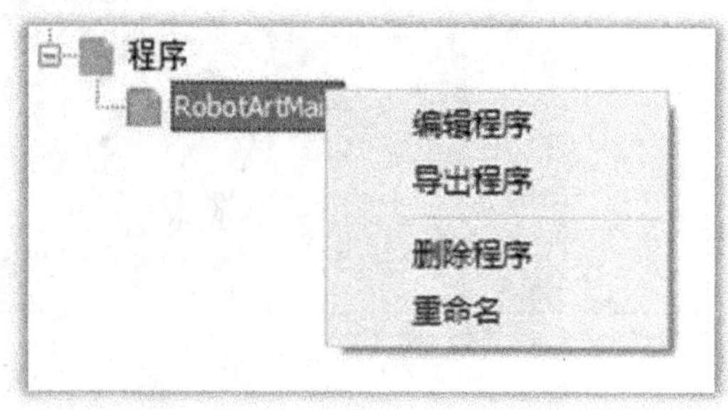

图 3.23

快捷菜单

1. 机器人空间

机器人空间区域主要用于模拟示教器控制机器人，功能强大，可手动控制机器人沿 X、Y、Z 轴的平移和旋转，还可以调整机器人平移或旋转运动的幅度，即步长以提高运动精度。

（1）平移　单击“+”或“-”可控制机器人沿 X（前/后）、Y（左/右）、Z（上/下）等方向的平移运动。

（2）旋转　单击“+”或“-”可控制机器人绕 X、Y 或 Z 轴旋转。

（3）坐标表示　用来确定用四元数还是欧拉角来表示机器人坐标，除 ABB 的机器人使用四元数外，其他品牌机器人普遍采用欧拉角表示。

（4）工具坐标系　使用工具坐标系原点来确定机器人的位置。

（5）调整步长　取值范围为 0.01～10，可逐渐增加或减小。

2. 关节空间

在关节空间中，单击并上下拖动 J1～J6 轴对应的滑块控件，可调整机器人的关节角度值并显示在下面对应的文本框中。其中，－180.0、180.0、－110.0、110.0、－60.0、65.0 等参数表示 J1～J6 轴的活动范围。以设定的步长为间隔，单击“◂▸”可减小或增大某个轴的关节角度值。若设定步长为 5.00，J1 的关节角度初始值为 90，则单击“▸”后 J1 的关节角度值增加为 95，单击“◂”则关节角度值减少为 85。

3. HOME 点

HOME 点区域与轨迹规划相关，用于设定、删除或修改机器人的 HOME 点，以重新确定机器人的复位位置。

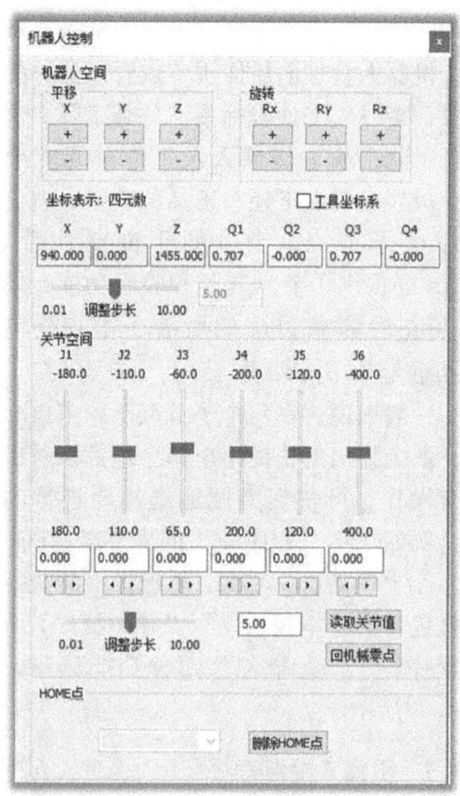

图 3.24

机器人控制界面

3.3.6　输出面板

输出面板位于软件界面右侧，主要用于使用仿真功能模拟机器人在实际环境下的运动路径和状态。在仿真过程中，输出面板会显示出机器人执行的事件和命令，以及有问题的轨迹点，如图 3.25 所示。图 3.25 左侧为仿真界面，右侧为对应的输出面板。双击输出面板中的提示事件，机器人姿态会变为事件执行时的状态。

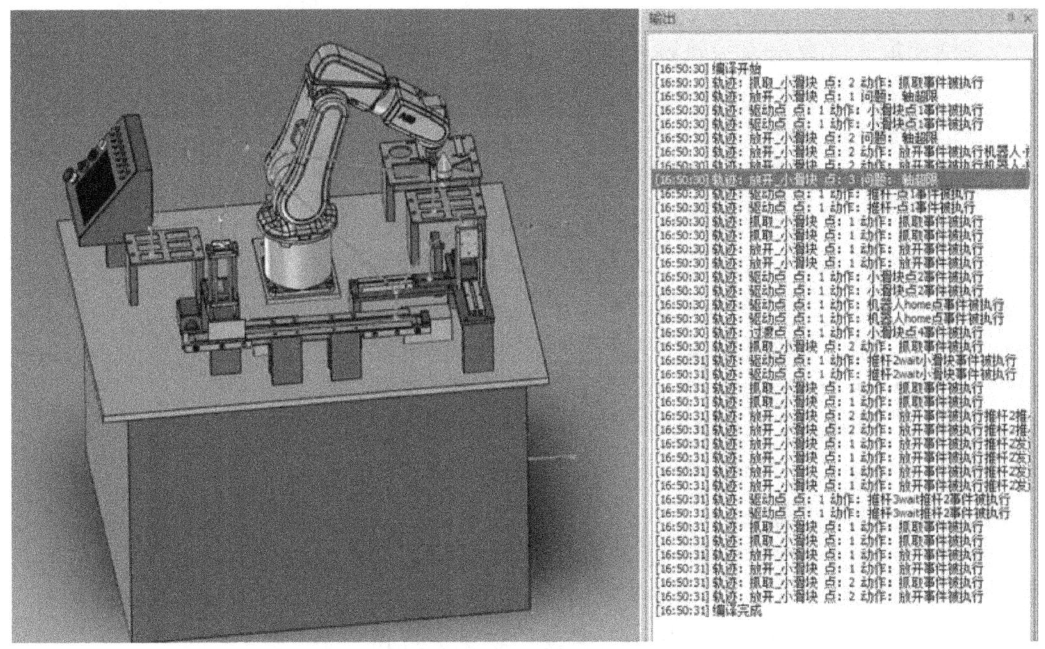

图 3.25

输出面板

此外，面板会输出可达性可能有问题的轨迹点，如图 3.25 所示的轴超限轨迹点。此时，需要使用插补或增加 POS 点等方法对问题轨迹点姿态进行调整。

3.3.7 调试面板

调试面板位于软件界面右侧，与机器人姿态和轨迹点特征紧密相关。调试面板如图 3.26所示，有如下两个主要功能。

1）调试机器人关节角或改变机器人姿态。在图 3.26 所示调试面板中，单击并上下拖动 J1 ~ J6 轴对应的滑块控件，可在工业机器人关节轴转动范围内分别改变六个轴的关节角度值。

2）更改轨迹点的运动指令、速度和轨迹逼近值，并显示机器人在该轨迹点执行的事件。通过组/点、指令、线速度、角速度及轨迹逼近五组数据，显示机器人的指令运行情况及相应的数据。

PQArt 提供 Move - Line、Move - Joint、Move - AbsJoint 及 Move - Circle 四种轨迹点指令，以实现不同的机器人运动形式和运动轨迹。其中，Move - Line 指令是使机器人以线性移动方式从当前点运动至目标点，此时机器人运动状态可控，运动路径唯一。Move - Joint 指令是使机器人以关节运动的形式做关节运动，使用关节角度值表示目标运动点，此时机器人以最快捷的方式运动至目标点，其运动状态不完全可控，运动路径唯一，常用于机器人大范围空间移动的场合。Move - Circle 指令为圆弧运动指令，是使机器人通过中间点并沿由当前点、中间点与目标点决定的圆弧移动至目标点，此时机器人运动状态可控，运动路径保持唯一。

Move – AbsJoint 指令是绝对运动指令，是使机器人按照角度指令来移动。

线速度和角速度数据表示轨迹和机器人在真机环境下的运动速度，单位分别为 mm/s 和 r/s，可将这两种数据生成后置代码并导入示教器中。

轨迹逼近功能较为复杂，用于轨迹的平滑圆弧过渡。由于运动方向发生较大变化或存在障碍物等原因，机器人有时运动到某个轨迹点时会暂停，其速度降为零。轨迹逼近功能可使机器人在该点出现精确暂停，并形成一个精确的抛物线轨迹，即实现圆弧过渡。以图 3.27 为例，轨迹逼近值上限为 p2p3 连线距离的一半。因存在方向突变，机器人运动到点 p2、点 p3 时速度降为零。若设定“轨迹逼近”数值为 8mm 或其他类似数值，机器人实际运动路径将为绕过点 p2 和点 p3 的黑色曲线。

需要说明的是，若机器人必须运动到点 p2 或点 p3，就不能使用 Move – Circle 指令。若原轨迹中点 p1 和点 p2 之间存在障碍物，可在其间插入一个点 p4，再使用轨迹逼近指令实现机器人的连续运动。

PQArt 提供当前轨迹的仿真功能，可以对当前选中的轨迹直接仿真。单击调试面板下部的系统会弹出仿真管理面板，执行仿真指令，同时调试面板上还会显示当前轨迹的名称。此外，PQArt 还提供了到点控制功能，勾选调试面板底部的“机器人运动到点”复选框后，单击目标点即可使机器人运动到该选择点。

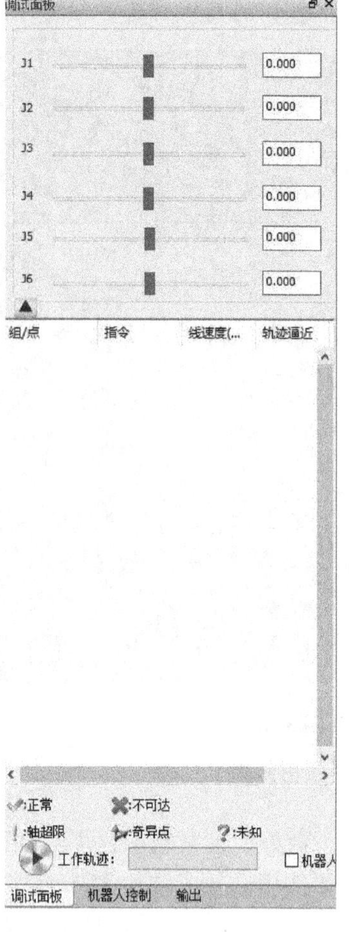

图 3.26

调试面板

为便于查看，PQArt 使用绿色、黄色、红色、灰色及紫色表示不同状态的轨迹点。其中，绿色表示该轨迹点完全正常；黄色表示轴超限，也就是计算确定的机器人运动超过了某轴的运动范围；红色表示不可达点，工件或外部工具位于机器人可达空间之外，需调整工件或外部工具与机器人的距离；灰色表示该轨迹点处于未知状态；紫色则表示该轨迹点为奇异点，需要调整机器人位姿。

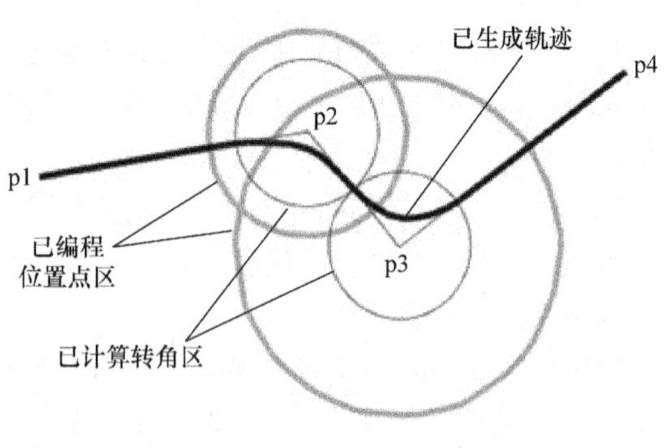

图 3.27

轨迹逼近示意图

3.3.8 状态栏

状态栏与模型显示功能相关，提供视向、模型绘制样式及提示等功能，如图 3.28 所示。

“ ”为全部显示功能按钮，单击该按钮后，绘图区会显示全部已导入的模型。

“ ”为放大功能按钮，单击该按钮后，选中的模型会被放大到视野中心。

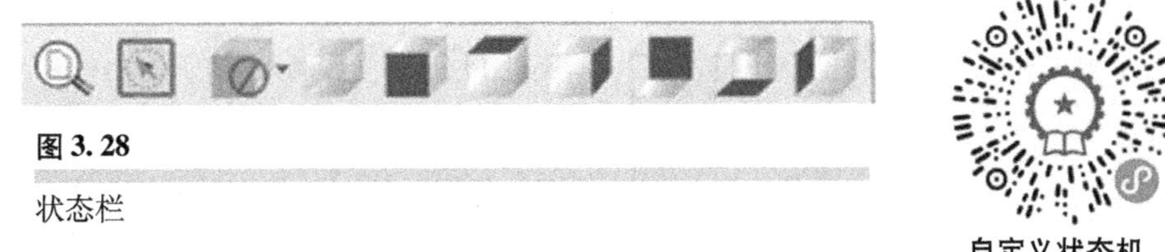

图 3.28
状态栏

自定义状态机

“ ”为绘制样式转换按钮，PQArt 提供五种模型绘制样式，单击选择后，模型会转换为不同样式。

“ ”为视图切换功能按钮，从左至右分别为轴测图、主视图、俯视图、右视图、后视图、俯视图及左视图的视向按钮，对应 0～6 数字键，单击按钮后，系统会切换至相应的视图模式。

3.3.9　自定义

PQArt 提供强大的自定义功能，支持但不限于自定义机器人、工具、零件、底座及后置等，还可根据具体情况开发其他功能，以满足不同工程需求。自定义界面如图 3.29 所示。

图 3.29
自定义界面

自定义界面中的主要功能说明如下。

1）输入：可导入如图 3.10 所示的 iges、stl、step 及 wrl 等格式的文件，以用于场景搭建。
2）定义机器人：定义通用六轴机器人、非球型机器人及 SCARA 四轴机器人。
3）定义机构：定义 1～N 轴的运动机构。
4）导入机器人：导入自定义机器人，支持 robrd 格式的文件。
5）定义工具：定义法兰工具、快换工具及外部工具。
6）定义零件，将不同格式的各类 CAD 模型定义为 robp 格式的零件。
7）定义底座：将不同格式的各类 CAD 模型定义为 robs 格式的底座。
8）自定义后置：可自定义机器人的后置格式。
9）定义状态机：将不同格式的各类 CAD 模型定义为 robm 格式的状态机。

自定义机构

3.4　本章小结

本章为应用基础部分，详细介绍了 PQArt 软件界面及机器人编程、工艺包、绘图区、管理面板、控制面板、输出面板、调试面板、状态栏及自定义等功能模块，为后续学习和应用奠定扎实基础。

第4章 精确定位与三维球

高精度工作场景是高精度离线编程与仿真的基础。在高精度工作场景中，需要各种物体和对象的高精度定位和姿态确定。三维球是PQArt软件的技术创新和特色，是一个强大而灵活的三维空间定位工具，可用于工作场景中任何一个三维物体的高精度定位。根据功能，三维球可提供基于点和基于轴的两种基本操作方法。其中，基于点的操作方法用来实现物体的位置移动，基于轴的操作方法用来实现物体的姿态调整，二者结合即可实现物体的位姿调整。

本章将简要讲述三维球的结构、颜色及基于点和基于轴的基本操作方法，为精确搭建场景奠定基础。

4.1 特色三维球

在场景搭建过程中，需要使用拖动鼠标和转动鼠标滚轮等方法来调节机器人、底座、夹具、工具及工件等的位置和姿态，以精确模拟和仿真实际工作场景。然而，鼠标操作会因为系统精度、姿态计算精度、用户使用习惯及操作水平等因素，在较大比例尺的情况下造成仿真场景与实际工作场景之间的较大误差。其结果就是实际工作场景中的机器人很可能无法在工件上实现预定的轨迹，导致仿真可靠性和可信度的降低。

为尽可能提高仿真精度，并减小仿真场景与实际工作场景之间的误差，提高定位精度，尤其是工件与机器人之间的位置和姿态精度就成为其中的关键。许多3D机械设计软件提供了相应的工具以提高尺寸精度，PQArt软件也提供了3D空间定位工具，即三维球，以提高工作场景中物体的定位精度。

三维球建立在精确的数学理论和复杂的空间矩阵变换的基础上，使用高精度数值分析方法可精确计算和定位工作场景中任意三维物体的位置和姿态，从而提高物体定位和仿真的精度。三维球位于“工具”功能栏内，它既是PQArt软件的一大利器，又是其特色所在。三维球工具如图4.1所示。

在图4.1所示的“工具”功能栏内，三维球工具右侧还有测量、校准、新建坐标系、选项及示教器五个辅助工具。单击三维球工具的图标后，三维球颜色变为灰色，如图3.14所示。

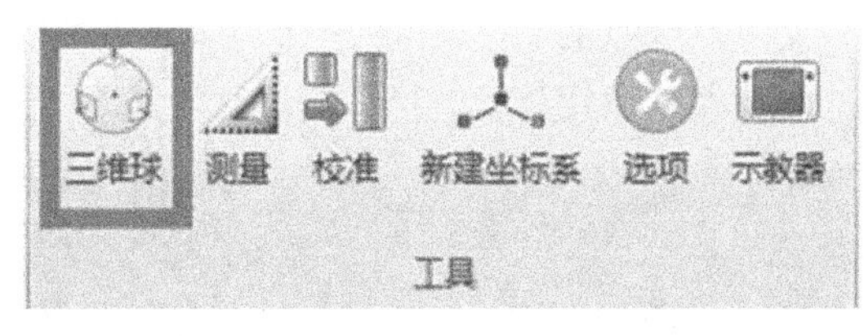

图4.1

“工具”功能栏及三维球工具

4.2　三维球结构及颜色

在PQArt软件中，三维球的功能是通过平移、旋转及其他复杂的三维空间变换精确定位任意三维物体，主要用于工作场景的搭建、轨迹点编辑、自定义机器人及零件工具等的定位场合。

在结构上，三维球由中心点、平移轴和旋转轴组成，如图4.2所示。其中，中心点主要用于点至点的精确移动功能，平移轴用于场景内三维物体沿某轴线的精确平移及项目的定位功能，旋转轴用于场景内三维物体围绕一条从视点至三维球中心的虚拟轴线的精确旋转及项目的定位功能。

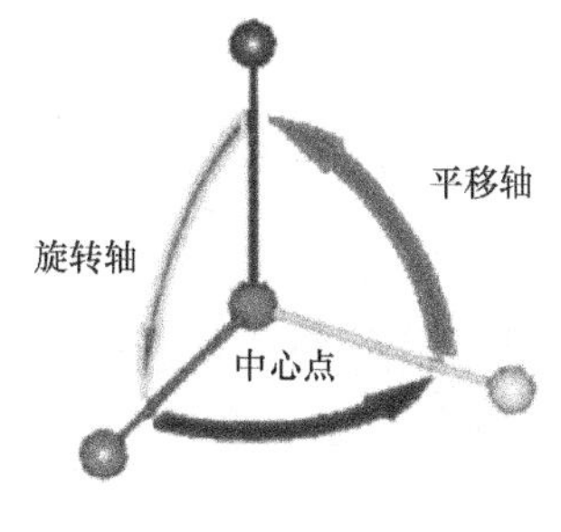

图4.2

三维球结构

三维球有默认和激活两种状态，默认的三维球图标是灰色的，单击激活后，三维球图标显示为黄色。激活后的三维球有默认颜色、白色及黄色三种颜色，颜色的显示与状态有关。

默认颜色：X、Y、Z三轴分别为红色、绿色、蓝色，状态与物体关联。若移动三维球动，则物体与三维球同时移动。

白色：表示三维球与物体互不关联。若移动三维球，物体保持不动。

黄色：表示某轴已被固定或约束，三维物体只能在该轴方向上定位。

三维球的激活非常简单。单击工具栏内的三维球工具图标，图标颜色由灰色变为黄色，三维球即被激活。

三维球与附着物体的关联关系可通过键盘空格键切换。三维球为默认颜色时按下空格键，三维球转变为白色。此时，移动三维球时附着物体不动。

4.3　点定位方法

点定位方法是基于三维球中心点的基本操作，可实现精确的点定位功能。中心点定位方法仅在三维球激活后有效，可实现编辑位置、到点、到中心点、点到点及到边的中点五种定位方法。

在三维球中心点上单击鼠标右键，弹出的中心点定位菜单如图4.3所示，五种定位方法显示在菜单中（编辑位置、到点、到中心点、点到点和到边的中点）。

1. 编辑位置

编辑位置功能用来实现物体在惯性坐标系中的线性移动及定位功能。选择中心点定位菜单中的“编辑位置”选项，软件弹出如图4.4所示的带文本输入框的编辑位置对话框，可输入相对父节点锚点的X、Y、Z三个方向的坐标值，即期望的物体新位置，可实现物体在场景中的线性移动及定位。

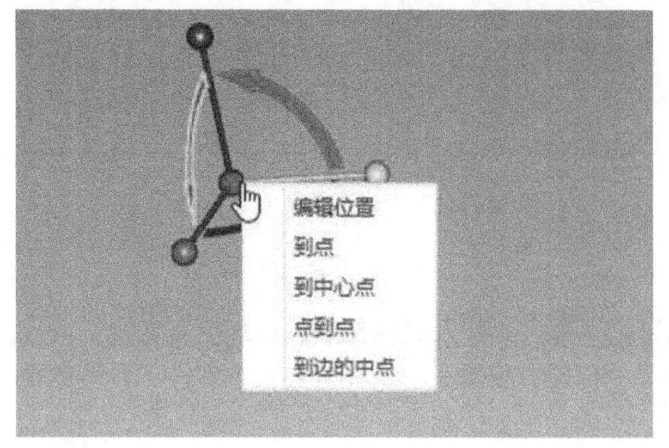

图 4.3

中心点定位菜单

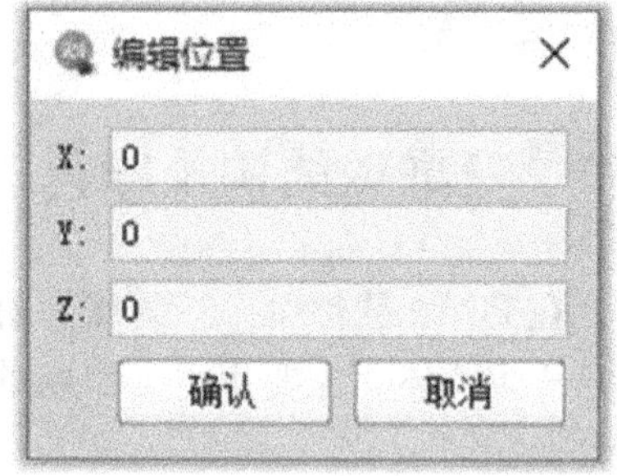

图 4.4

“编辑位置”对话框

需要说明的是，X、Y、Z数值表示中心点在X、Y、Z三个方向上的向量值，此位置是相对于惯性坐标系而言的。填入的数值对应三维物体在惯性坐标系中的位置，单击“确认”按钮后可改变其在世界坐标系中的绝对位置。

例如，若将零件定位到世界坐标系原点，则在“编辑位置”对话框中的X、Y、Z文本输入框内的数值修改为0、0、0，如图4.5所示。

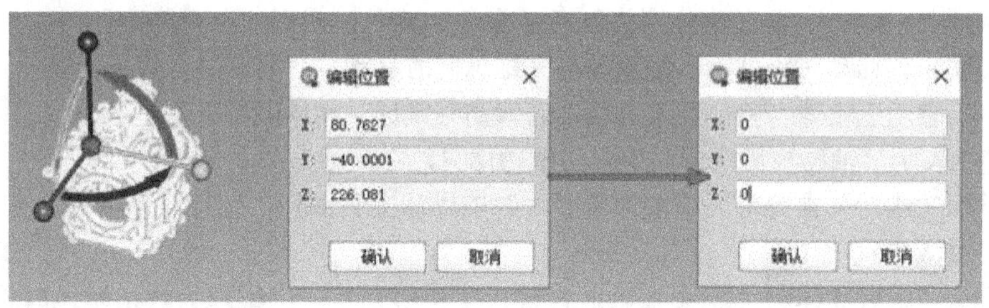

图 4.5

三维球编辑位置示例

2. 到点

到点功能可使三维球附着的物体移动到另一个操作对象上的选定点处，类似机械设计软件中的装配功能。其中，三维球附着的对象或物体为被装配体，另一个操作对象为装配体。到点功能的实现过程如下。

1）选中需要移动的三维模型，如图4.6a所示物体（点1）；

2）在如图4.1所示工具栏内单击三维球图标，调出三维球工具；

3）右键单击三维球中心点，在弹出菜单内选择“到点”功能；

4）选中另一个操作对象上的某个点，例如点2；

5）三维模型定位到选定点的位置，如图4.6b所示。

由此可见，到点功能可以实现以点为基准或参考点的装配功能。

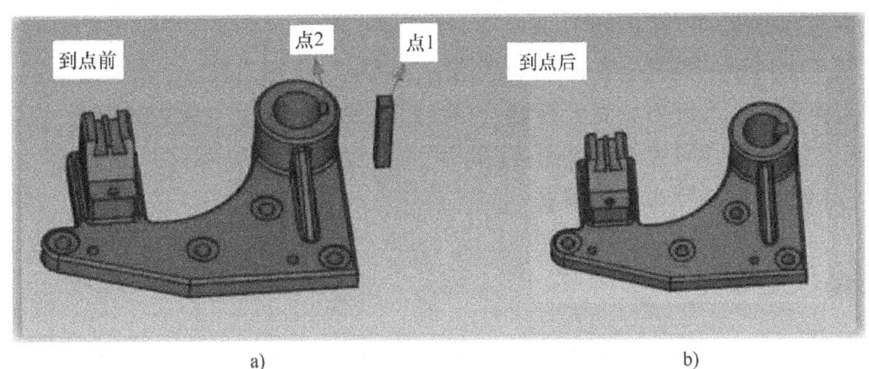

a)　b)

图 4.6

到点功能实例

3. 到中心点

此功能可使三维球附着的物体移动到回转体的中心位置，用来实现以回转体轴线为基准或参考的装配功能。其操作过程如下所示：

1）选中需要移动的三维模型，如图 4.7a 所示圆柱物体（中心点为中心点 1）；

2）在如图 4.1 所示工具栏内单击三维球图标，调出三维球工具；

3）右键单击三维球中心点，在弹出菜单内选择“到中心点”功能；

4）选中另一个操作对象上的上端面以中心点 2 为圆心的某段圆弧；

5）三维模型定位到选定点的位置，如图 4.7b 所示。

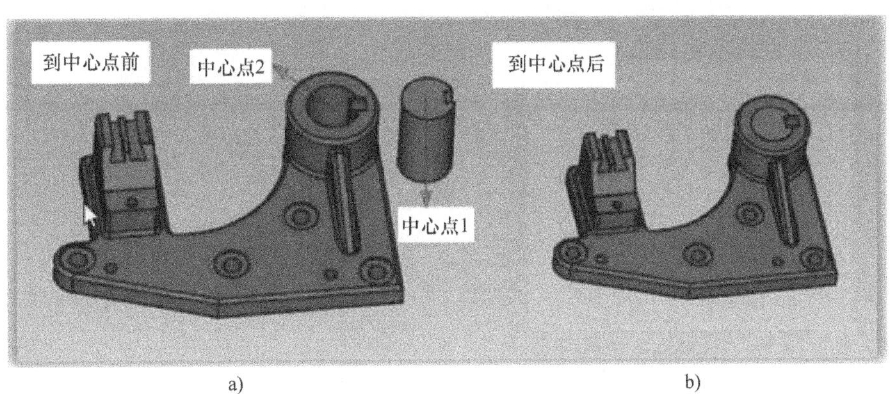

a)　b)

图 4.7

到中心点功能实例

4. 点到点

此功能可使三维球附着的物体移动到第二个物体上指定两点的中点处，相当于基准或参考点为指定两点的中点，且仅在第二个物体上指定非重合的两点时有效。

操作方法与到点、到中心点的操作方法类似，不再赘述。

5. 到边的中点

此功能可使三维球附着的物体移动到第二个物体上某一条边的中点处，相当于基准或参考点为某条边的中点，且仅在第二个物体上指定有效边时有效。其操作过程如下。

1）选中需要移动的三维模型。

2）在图4.1所示工具栏上单击三维球图标，调出三维球工具。

3）单击鼠标在三维球中心点上右键，在弹出的菜单内选择“到边的中点”选项。

4）选中另一个操作对象上的某条边。

5）三维模型定位到选定边的中点。

4.4 轴操作方法

4.3小节介绍的编辑位置、到点、到中心点、点到点、到边的中点的功能和操作都是基于点的操作，基于轴的操作是第二种操作。根据功能和作用，轴可分为平移轴和旋转轴两种，因此，基于轴的操作方法也可分为平移轴操作和旋转轴操作两种。平移轴操作和旋转轴操作用来实现方向上的定位，也就是物体姿态的调整。在三维球X、Y轴或Z轴上单击鼠标右键，弹出的轴操作菜单如图4.8所示。

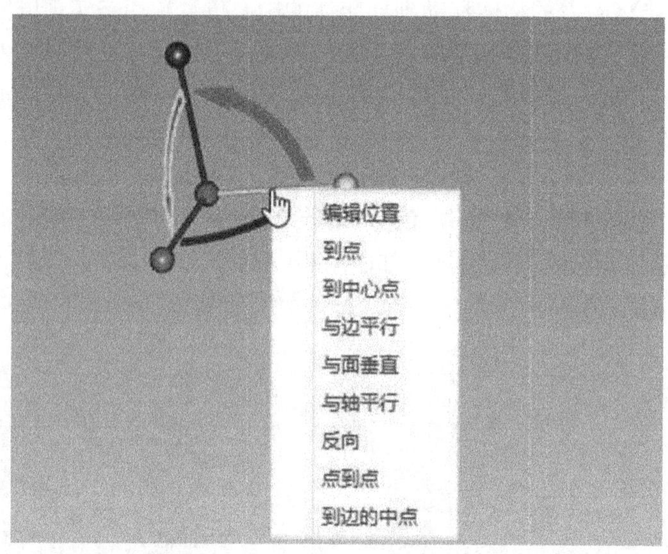

图4.8

弹出的轴操作菜单

与基于点的操作不同，基于轴的操作的相关点一般是指鼠标单击选择的轴上的点，而不是物体的点。

1. 到点

此功能使鼠标单击选择的轴指向规定点。

2. 到中心点

此功能使鼠标单击选择的轴指向规定圆心点。

3. 与边平行

此功能使鼠标单击选择的轴与选取的边平行。此操作如图4.9所示，在选择并使用与边平行功能之前，边1与边2不平行。选择并使用边平行功能之后，边2与边1平行，实现了选择的边2与可看作轴线的边1平行。

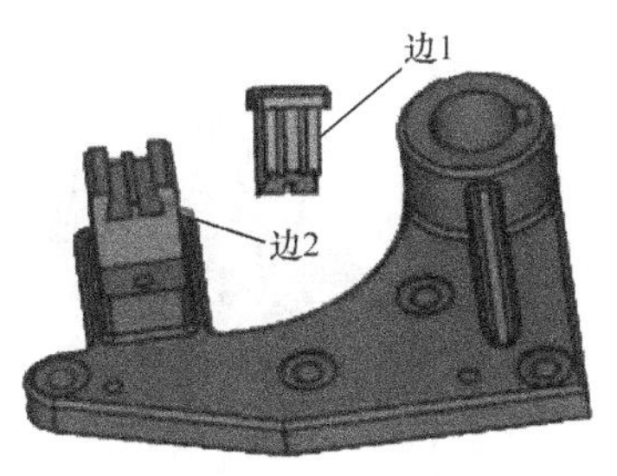

a) 平行前

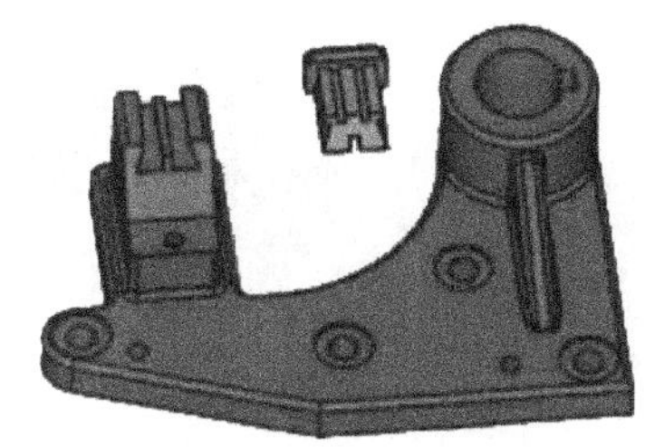

b) 平行后

图 4.9

轴操作与边平行实例

4. 与面垂直

此功能使鼠标单击选择的轴与选取的面垂直。如图 4.10 所示，在选择并使用与边垂直功能之前，面 1 与面 2 不垂直。选择并使用与边垂直功能之后，面 2 与面 1 垂直，实现了选择的面 1 与固定的面 2 垂直。

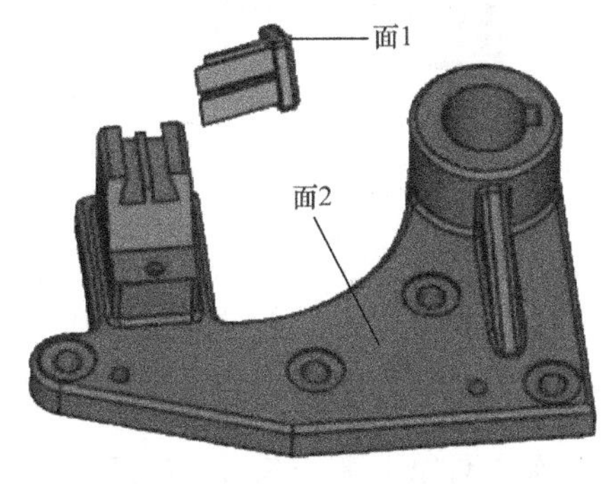

a) 垂直前

b) 垂直后

图 4.10

轴操作与面垂直实例

5. 与轴平行

此功能使鼠标单击选择的轴与柱面轴线平行。此操作如图 4.11 所示，在选择并使用与轴平行功能之前，柱体 1 与柱体 2 的轴线不平行。选择并使用与轴平行功能之后，柱体 1 与柱体 2 的轴线平行，实现了选择的柱体 1 的轴线与固定的柱体 2 的轴平行。

6. 反向

此功能使三维球带动物体在选中的轴线方向上转动 180°，不是使物体绕选中的轴线转动 180°，实现反向，此操作如图 4.12 所示。

7. 点到点

此功能使三维球附着的物体移动到另一个操作对象上指定两点的中点处，与点定位方法的点到点功能类似。

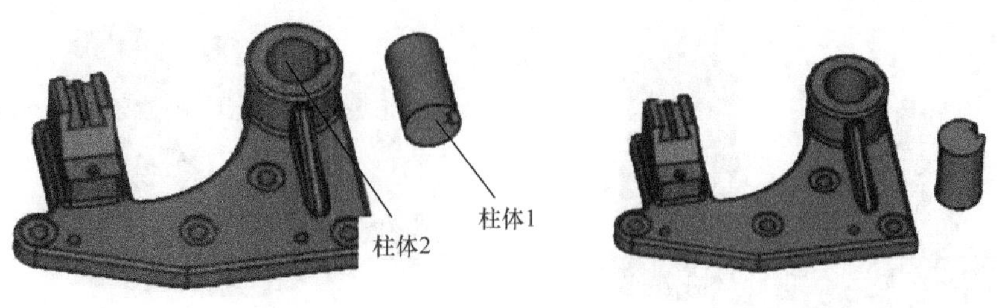

a) 平行前　　b) 平行后

图 4.11
轴操作与轴平行实例

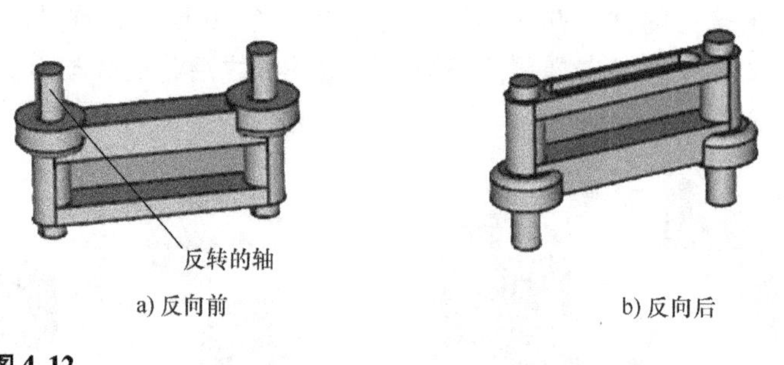

a) 反向前　　b) 反向后

图 4.12
轴操作反向实例

8. 到边的中点

此功能可使三维球附着的物体移动到第二个操作对象上某一条边的中点，与点定位方法的到边的中点功能和操作方法类似。

9. 轴的固定（约束）

单击某轴，此轴变为黄色后可实现暂时约束功能，场景中的三维物体只能沿此轴线平移或绕此轴线旋转，从而将选中轴的空间移动转换为平面运动或空间受限的转动。

4.5 本章小结

本章简要介绍了特色三维球的结构、颜色及五种基于点的和九种基于轴的基本操作方法，通过物体位置调整和姿态调整实现物体在工作场景中的高精度定位，为后续学习和精确搭建场景奠定基础。

第5章
PQArt 基本操作流程

本章是本书的核心内容之一，将介绍工艺生成过程的基本操作方法和过程。工艺生成是离线编程与仿真的具体实现，只有有了与特定工况对应的仿真场景才可进行编程和仿真。

5.1 基本流程

从零开始搭建工作站

工艺生成总是与诸如焊接、堆垛、涂装及去毛刺等特定工况相关。为尽可能真实地仿真这些工况并提高离线编程与仿真的精度，工艺生成应尽可能与真实工作环境一致，这是工艺生成的基础要求和原则。

一般情况下，工艺生成按照场景搭建、轨迹设计、仿真与后置的顺序进行。其中，场景搭建是工艺生成的第一步和基础，属于静态图形的建立过程；轨迹设计是工艺生成的第二步，属于动态图形的生成过程；仿真是工艺生成的第三步，属于动态图形的安全和可靠性检测过程；后置是工艺生成的最后一步，是将仿真结果反馈到真实工作场景并进行验证的过程，其流程图如图5.1所示。

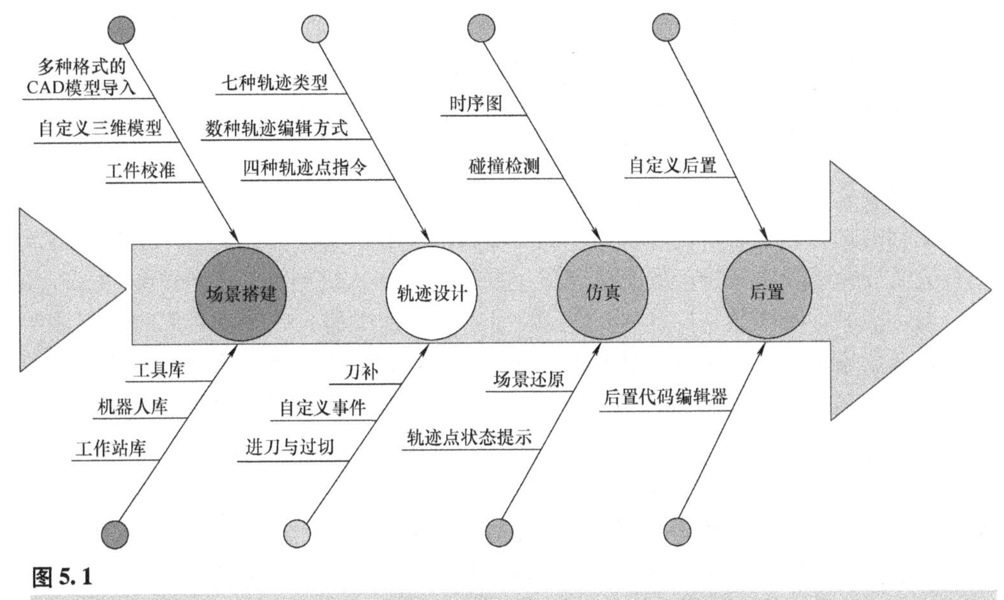

图5.1

工艺生成流程图

但在实际实现过程中，场景搭建过程一般是一次性的。因受工况因素影响，初步设计的轨迹往往存在轴超限、需插入 POS 点或 Home 点等情况，因此轨迹设计往往需要多次修改直至其符合机器人全工作空间要求，从而使随后的仿真和后置能够顺利进行。如果多次修改后的轨迹仍然无法满足机器人全工作空间要求，就需要重新搭建场景，也就是重新开始场景搭建、轨迹设计、仿真及后置的流程，这就是工艺生成的反复过程。这就是说，受轨迹设计的影响，工艺生成具有反复性的特点。

5.2 场景搭建

如上所述，工艺生成是离线编程与仿真的具体实现，而场景搭建是工艺生成的第一步和基础。场景搭建有其具体的要求、方法和过程。

场景搭建的基本要求是场景化。所谓场景化，就是根据需要完成的工况，确定需要的机器人、工具、零件和工作台等。例如，激光切割工况就需要包括机器人及配套的底座、激光三维切割工具和直管零件等；去毛刺工况就需要包括机器人及配套的底座、径向浮动打磨工具和气缸零件等；打孔工况就需要包括机器人及配套的底座、打孔工具和打孔零件等；而一个常见的写字工况就需要包括机器人及配套的底座、焊枪和写字的铁板零件等。从某种程度上说，场景化就是工况的方案设计过程，仅考虑功能实现，而不涉及具体的机器人型号、工具类型和零件尺寸等详细信息。

场景搭建的方法是实例化。所谓实例化，就是使设备、工具和零件的型号和尺寸等具体化，相当于工况的详细设计。例如，去毛刺工况可以选择 ABB - IRB1410 机器人，打磨头可选择 ATI 径向浮动打磨头，加工零件需要选择某型号气缸；打孔工况则选择 KUKA - KR150 - R270 - extra 机器人，打孔工具选择 ToolPunch，而零件就需要选择 part - punch 等。这就是场景搭建的实例化方法，涉及具体的机器人型号、工具类型和零件尺寸等详细信息。

场景搭建的过程是图形化和可视化。场景化和实例化之后，分别单击如图 3. 8 所示“场景搭建”功能栏中的机器人库、工具库和设备库图标，导入具体的机器人、工具和相关设备，或者在库中没有这些机器人、工具和设备时，按它们的具体尺寸和设定的比例添加到对应库中再重新导入，并依据设定的惯性坐标系、机器人坐标系和工具坐标系等显示在屏幕的对应位置，实现场景搭建的图形化和可视化。因尚未进行轨迹设计或轨迹点调整，图形化和可视化之后的场景搭建依然是静态的。

一个完整的加工工艺需要机器人、工具、零件和工作台等，在正式规划机器人运动路径之前，首先需要完成场景搭建。场景搭建最主要的就是导入机器人、工具、零件、底座和状态机等。与一般软件不同的是，PQArt 在云端提供了大量机器人库、工具库和设备库等的在线资源，包含了市场上主流品牌的机器人、常用工具和设备等，极大方便了用户进行所需工作场景的搭建。场景搭建具体包括导入机器人、导入工具、自定义工具和导入零件等过程。

5.2.1 导入机器人

单击“场景搭建”功能栏中的机器人库图标，导入实例化之后官方提供的机器人。在如图 3. 9 所示的界面中，可插入官方机器人模型并查看机器人具体参数。

PQArt 还提供了机器人设置功能。在绘图区的机器人上单击鼠标右键，弹出“机器人设置”对话框，如图 5.2 所示。在此对话框中，PQArt 提供了机械零点设置功能和轴设置功能，用来设置机器人六个轴的转动范围、机械零点及轴配置。

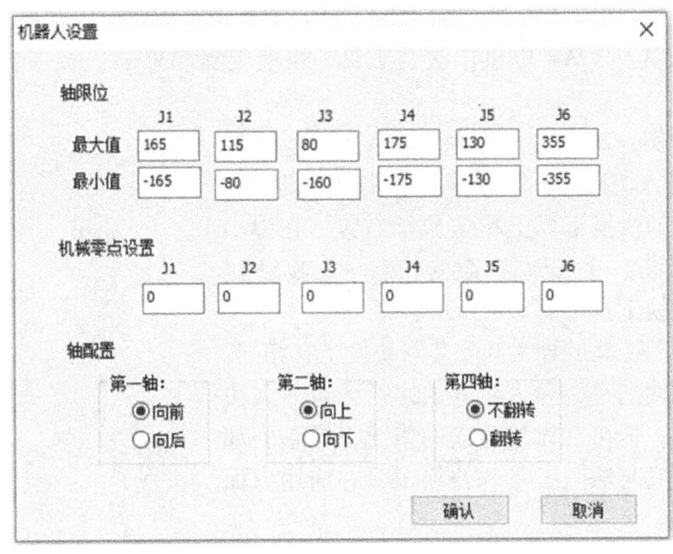

图 5.2

“机器人设置”对话框

零点设置功能用来改变机器人的机械零点状态，即机器人处于机械零点时各轴的关节角。例如，某型机器人处于机械零点的状态如图 5.3a 所示，此时，第二轴的关节角 $J_2=-90°$，第三轴关节角 $J_3=90°$。在图 5.2 所示对话框中，将 J2 和 J3 的零点值都改为 0，单击“确认”按钮后，机器人回归机械零点，如图 5.3b 所示。需要说明的是，轴配置仅对工业机器人的第一、二和四轴有效，用来设置其正向运动方向。同时，为避免机器人与其他设备或物体发生碰撞，可通过修改轴限位数值来限制其活动范围，这是提高系统安全性的必要技术手段。

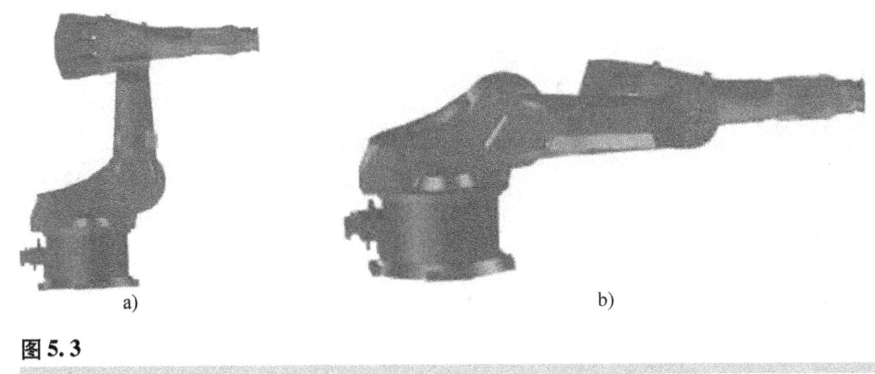

图 5.3

机器人设置示例图

机器人可以有多种姿态从某点运动至另一点，只有在轴配置中限定其各关节角，也就是依靠逆解算法，才能唯一确定其运动姿态，并可实现与真实场景中的机器的人控制器的设定相匹配。

5.2.2 导入工具

单击工具库图标，可以导入官方提供的工具。为避免系统弹出警告信息，必须在导入机器人之后再导入工具。PQArt 提供了法兰工具、快换工具和外部工具三种工具，格式均为 robt。

以快换工具为例，其导入方法为：①依次单击“导入法兰工具”→“导入快换工具”按钮，将快换工具导入绘图区；②在导入的快换工具上单击鼠标右键，在弹出的菜单中选择“安装（生成轨迹/改变状态 - 无轨迹）”选项。安装好的快换工具如图 5.4 所示。

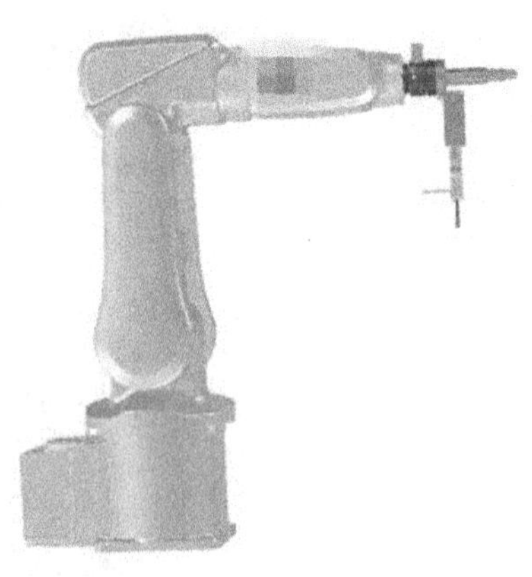

图 5.4

安装好的快换工具图

法兰工具和外部工具的导入和安装与快换工具相同，不再赘述。需要说明的是，导入机器人之后才可导入法兰工具和快换工具，但可在无机器人的情况下导入外部工具。这是外部工具与法兰工具和快换工具在应用方面的差异。

与机器人库相似，工具库也支持筛选、搜索和排序等附加功能。

5.2.3 自定义工具

PQArt 还支持自定义工具功能。其过程为导入工具三维模型、添加并编辑附着点，以及检测。定义工具前需要首先导入工具三维模型，法兰工具、快换工具和外部工具的导入过程完全相同。

1. 导入工具三维模型

如图 5.5 所示，单击“自定义”标签下“场景搭建”功能栏中的“输入”图标来导入工具三维模型，PQArt 支持的模型格式如图 3.10 所示。

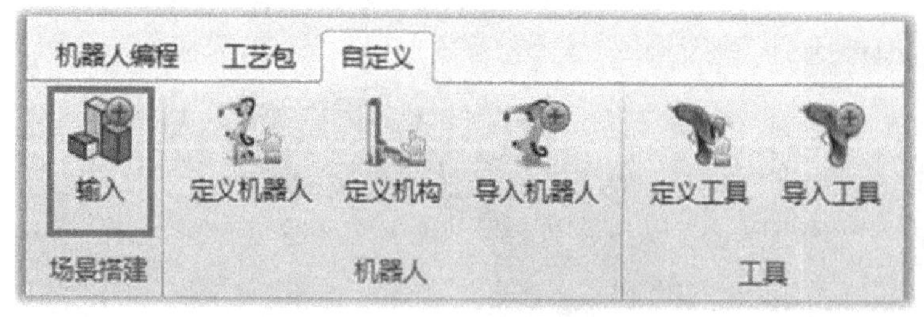

图 5.5

导入工具三维模型界面

法兰工具定义

2. 添加安装点并编辑附着点

导入工具三维模型之后，就是非常重要的添加点并编辑附着点的过程。所谓增加点并编辑附着点，就是使用 FL 或 CP 安装点将工具安装到机器人上，再在工具上增加 TCP 加工点以加工工件。其中，FL 点对应法兰工具，CP 点对应快换工具。

（1）法兰工具　法兰工具的特点是其一端安装到法兰盘上、另一端连接加工工件。将法兰工具安装到法兰盘上需添加一个 FL 点，将法兰工具连接到加工工件上需添加至少一个 TCP 点。

1）添加 FL 点。FL 点就是与机器人法兰盘相连接的基准点。一般情况下，FL 点多为法兰工具的端面中心点。如图 5.6 所示，鼠标位置的端面中心点即是法兰工具与机器人法兰盘相连接的参考和基准点。编辑好 FL 点之后，法兰工具才能安装到法兰盘上。

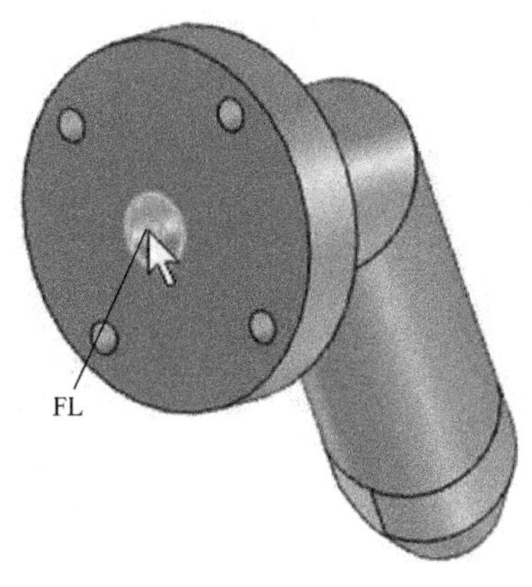

图 5.6

法兰工具 FL 点

单击“定义工具”按钮，弹出的“定义工具”对话框如图 5.7 所示。

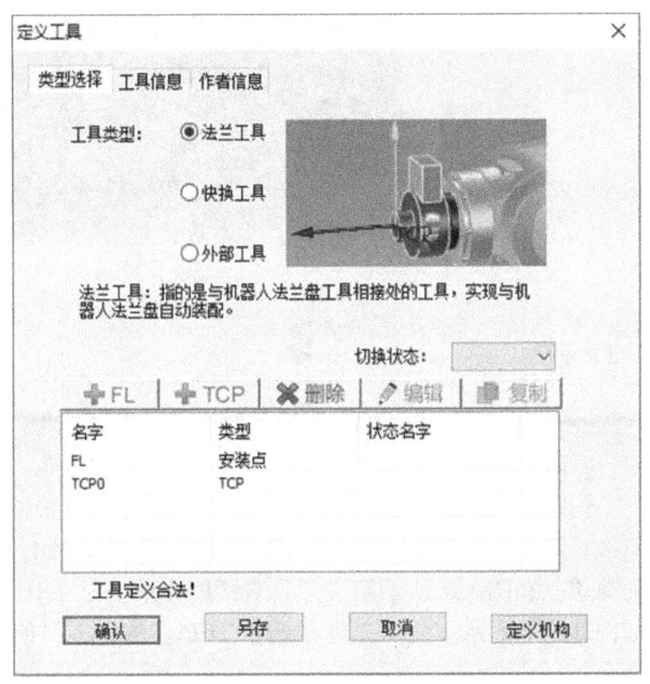

图 5.7

“定义工具”对话框

“工具类型”选择为“法兰工具”。单击“+FL”按钮，系统弹出三维球工具，如图 5.8所示，以供调整 FL 点的位置和姿态。

2）调整 FL 点位置。FL 点是与机器人法兰盘相连接和自动装配的基准，故需要将其移至法兰工具的端面中心参考点处，如图 5.9 所示。

需要说明的是，在蓝色状态下，三维球操作只移动 FL 点，不改变工具位置，也不与工件关联。

3）调整 FL 点姿态。调整 FL 点姿态的目的是使法兰工具的 Z 轴与机器人法兰盘坐标系的 Z 轴相对，而 X 轴和 Y 轴与法兰盘同向。其示意图如图 5.10a 所示，使用三维球调整之后的效果如图 5. 10b 所示。

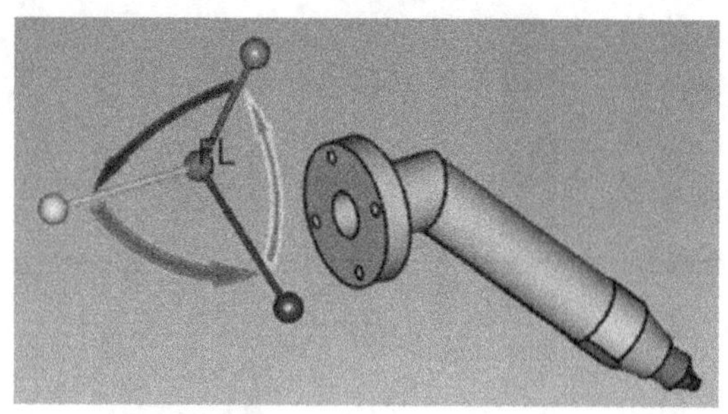

图 5. 8

法兰工具和三维球

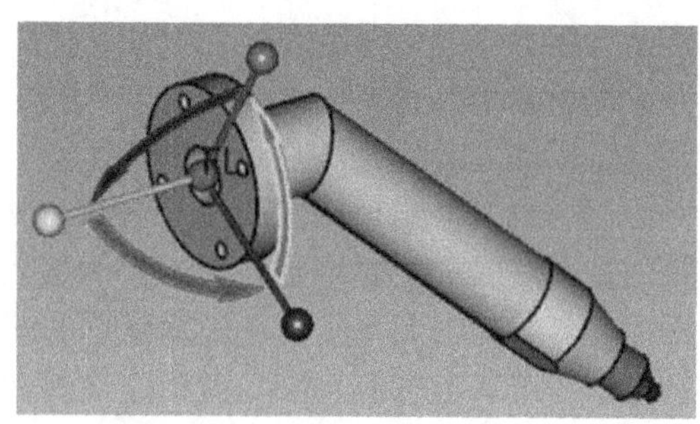

图 5. 9

调整 FL 点位置示意图

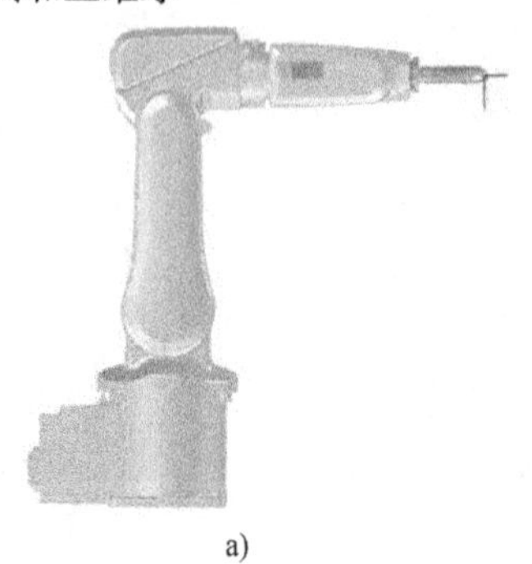

a)

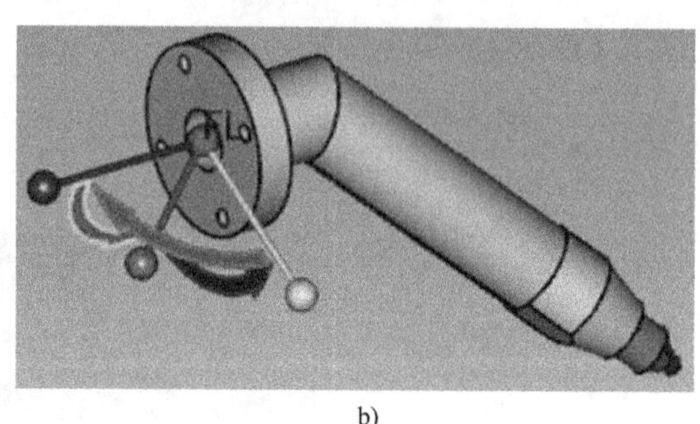

b)

图 5. 10

调整 FL 点姿态示意图

调整 FL 点姿态需注意机器人法兰盘坐标系的 Z 轴方向。除 FANUC 外，其他品牌机器人法兰坐标系的 Z 轴一般向外。

4）添加 TCP 点。添加 TCP 点是添加 FL 点、调整 FL 点位置和姿态的后续步骤。TCP 点是工具中心点也是工具工作点。只有添加了 TCP 点，才能使用工具对工件进行加工。

添加 TCP 点较为简单。在图 5. 7 所示定义工具对话框中单击“ + TCP”按钮，绘图区出现 TCP 点三维球，如图 5. 11a 所示。使用三维球调整 TCP 点位置，以使 TCP 点在工具中心点上，如图 5. 11b 所示。

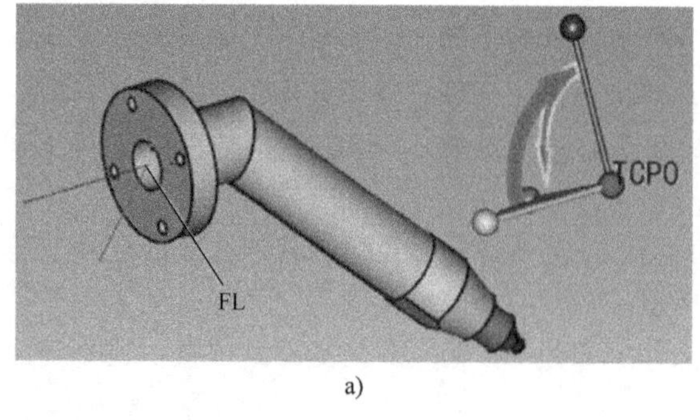

a)

b)

图 5. 11

添加 TCP 点示意图

5）调整 TCP 点姿态。调整 TCP 点姿态是添加 TCP 点的后续步骤，其目的是便于使用和保证安全，调整 TCP 点的 Z 轴向外并与轨迹的 Z 轴相对。其方法与添加 TCP 点类似，调整之后的 TCP 点姿态如图 5. 12 所示。

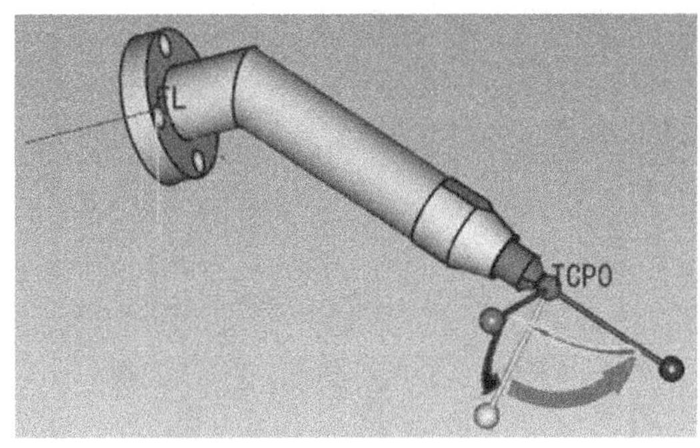

图 5. 12

调整 TCP 点姿态示意图

在图 5. 7 所示定义工具对话框中单击“另存”按钮，即可将工具保存在本地。由此可见，用三维球调整 FL 点和 TCP 点的位置和姿态，只需将二者都调整到工具中心点即可。PQArt 提供了多种调整方法和过程，可自行尝试。

快换工具和外部工具的情况也是类似的。

（2）快换工具　在结构上，快换工具由机器人侧用端和工具侧用端两部分构成。其自定义机器人侧用工具与法兰工具相同。

在使用时，快换工具的工具侧用端要安装到机器人侧用端上，应添加一个 CP 点；它的另一端加工工件，应添加至少一个 TCP 点。

1）添加 CP 点。CP 点就是法兰工具与快换工具相连接的基准点。只有添加了 CP 点，快换工具的工具侧用端才能安装到机器人侧用端上。

在图 5. 7 所示定义工具对话框中，“工具类型”选择为“快换工具”，单击“+CP”按钮添加一个附着点，如图 5. 13 所示。

快速工具定义

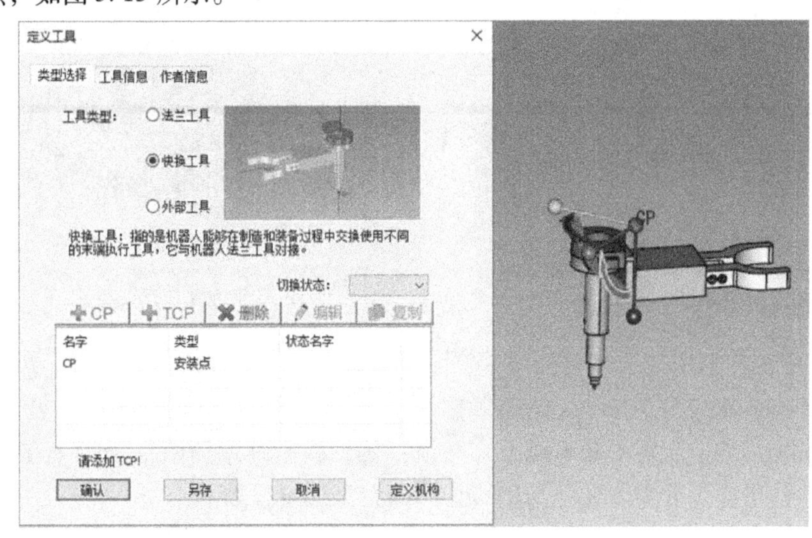

图 5. 13

添加 CP 点

为与快换工具相连，还需调整 CP 点的位置，并使用三维球工具将 CP 点移动到工具侧用端的安装点上，一般即端面圆心处，如图 5. 14 所示。

调整 CP 点位置后才可与机器人进行装配，装配之后的快换工具如图 5. 15 所示。

机器人侧用端的连接方法与工具侧用端相同。一般情况下，应使机器人侧用端的 Z 轴与工具侧用端的 Z 轴相对，X 轴和 Y 轴同向，可建立的 TCP 坐标系如图 5.16 所示。使用三维球调整之后的位置和效果如图 5.17 所示。至此，工具侧用端 CP 点添加完成，还需要为工具添加 TCP 点。

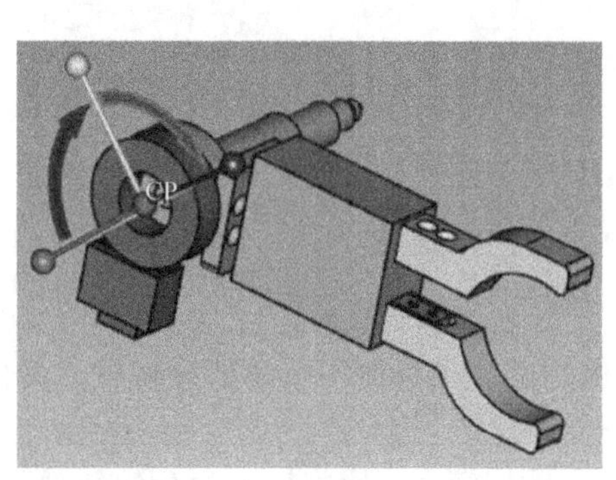

图 5.14

调整 CP 点所在位置

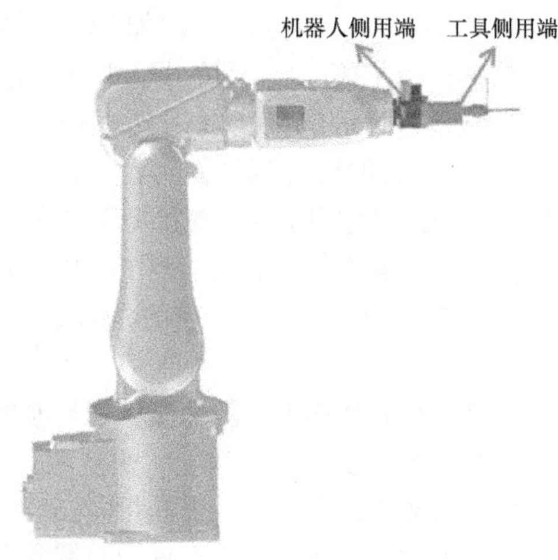

图 5.15

快换工具与机器人的装配示意图

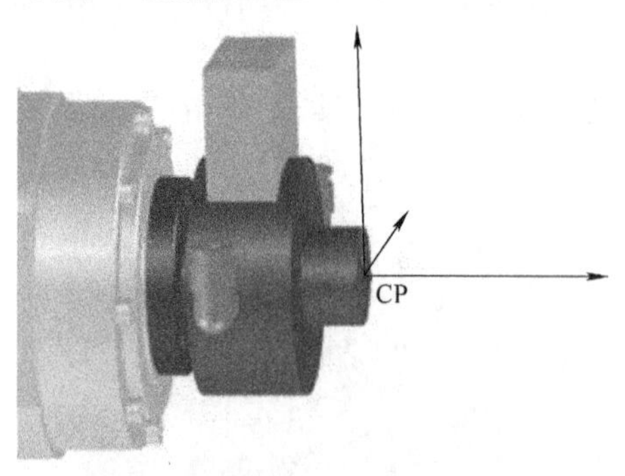

图 5.16

法兰工具 TCP 坐标系

图 5.17

添加 CP 点效果图

2）添加 TCP 点。一般情况下，工具上有几个位置可以加工工件，就需要添加几个 TCP 点。即，需要增加 TCP 点的数量与工具上可加工工件的位置数量应一致。为简化说明过程，以工具侧用端上有夹爪和笔两个末端执行器，以需要添加两个 TCP 点的情况为例，夹爪和笔的工作中心点分别命名为 TCP0 和 TCP1，添加过程如下。

在图 5.7 所示“定义工具”对话框中，单击“+TCP”按钮，添加 TCP0 点，如图 5.18a所示。使用三维球将 TCP0 点移动到夹爪中心处，效果如图 5.18b 所示。

TCP0 点的 Z 轴为工具加工方向，会与轨迹的 Z 轴相对。为便于使用，一般调整 TCP0 点的 Z 轴向外，调整之后的 TCP0 点如图 5.19a 所示。添加 TCP1 点的方法与添加 TCP0 点相同，添加之后的 TCP1 点如图 5.19b 所示。

为快换工具添加并调整 TCP0 点和 TCP1 点后，在图 5.7 所示定义工具对话框中单击“另存”按钮即可将其保存在本地。

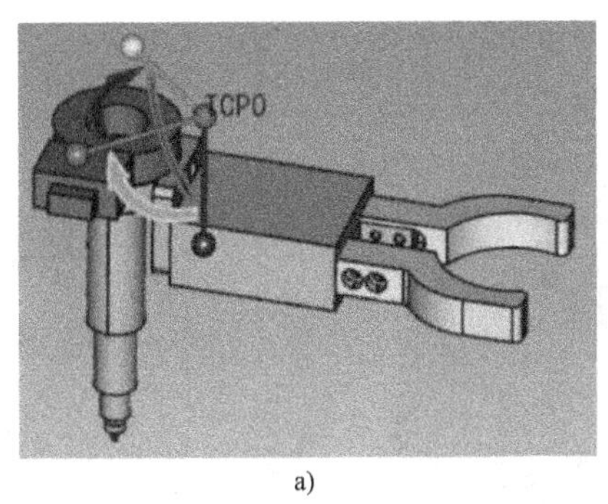

a)

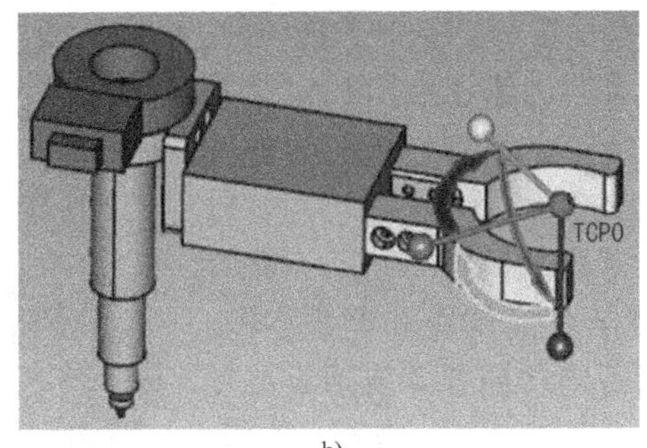

b)

图 5.18

添加 TCP0 点示意图

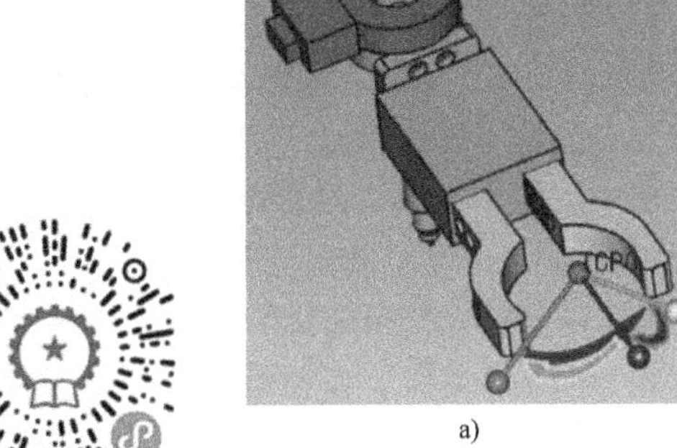

a)

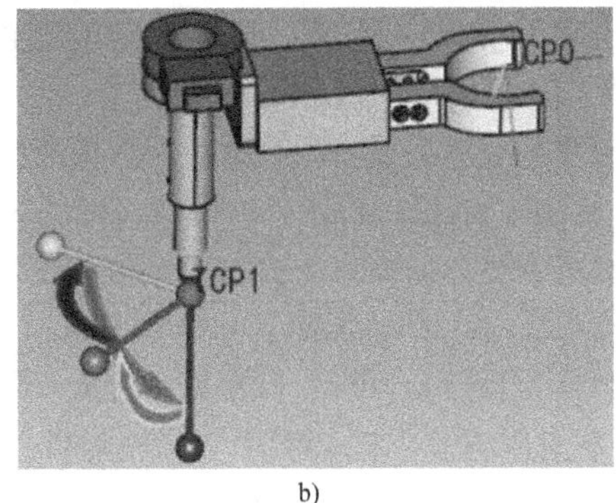

b)

图 5.19

调整完成的 TCP0 点和 TCP1 点

外部工具定义

（3）外部工具　外部工具就是位于机器人外部，无需安装到任何设备上的工具。与法兰工具和快换工具不同的是，外部工具只需添加加工工件的 TCP 点。

只有添加 TCP 点，外部工具才能作为工具正常工作。外部工具的 TCP 点可以在工具的任意位置，也可以根据需要在其他适当的位置。为简化说明过程，把需添加的 TCP 点移至外部工具工作的中心处，添加过程如下。

在图 5.7 所示定义工具对话框中，将“工具类型”选择为“外部工具”，并单击“+TCP”按钮，绘图区弹出三维球工具，如图 5.20a 所示。

因 TCP 点的 Z 轴与轨迹的 Z 轴相对，调整 TCP 点的 Z 轴向外。使用三维球工具调整完成的 TCP 点如图 5.20b 所示。

为外部工具添加并调整 TCP 点后，在图 5.7 所示“定义工具”对话框中单击“另存”按钮即可将其保存在本地。

3. 工具检测与编辑

所谓的工具检测，就是检查自定义工具是否正确，即检查 FL 点、CP 点和 TCP 点是否在正确位置，以及其姿态是否正确。

如前所述，FL 点、CP 点、法兰工具与快换工具的 TCP 点一般位于工具两端端面的中心点处，而外部工具的 TCP 点可根据需要设定。因 TCP 点的 Z 轴会与轨迹的 Z 轴相对，为方便，一般会设置TCP点的Z轴向外。

若工具定义错误，则在定义错误的工具上单击鼠标右键，再在弹出的菜单中选择“编辑工具”选项，利用三维球重新调整FL点、CP点和TCP点至正确位置和期望姿态，或者根据需要在图5.7所示定义工具对话框中进行添加、删除、编辑、复制等相关操作。

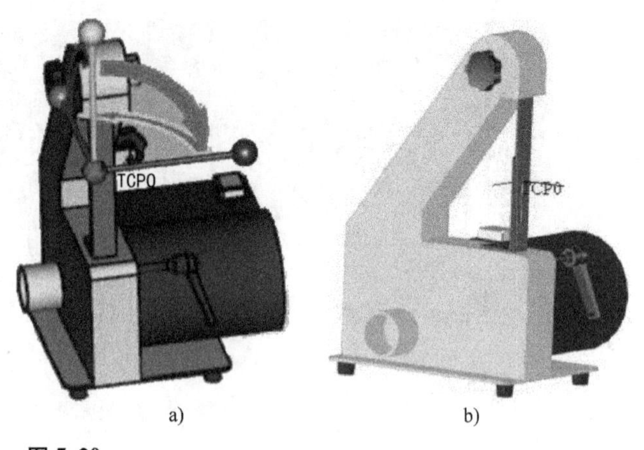

图5.20
外部工具添加TCP0点示意图

这些操作较为简单。首先，根据工具类型选择可编辑的附着点，法兰工具可编辑FL点和TCP点，快换工具可编辑CP点和TCP点，而外部工具只能编辑TCP点。然后，按照如下步骤进行附加点的添加、删除、编辑及复制等操作。

1）添加附着点。单击“+FL”或“+TCP”按钮，可继续添加FL或TCP附着点。添加的附着点显示在如图5.7所示对话框的下部表格中。若单击某个附着点，则其所在条目以蓝色光亮条显示，表示其处于可编辑状态。

2）删除附着点。单击“删除”按钮，则可删除以蓝色光亮条显示的已选中的附着点。

3）编辑附着点。此功能用于调整附着点位姿。单击“编辑”按钮后系统弹出三维球工具，再按照三维球操作方法和步骤实现附着点的平移和旋转等操作。

4）复制附着点。此功能用于复制选择的附着点，多用于外部工具。

此外，定义工具对话框的“工具信息”和“作者信息”选项卡则与工具和用户相关信息有关，可按照需要填写工具名字、型号、类型、参数及简介等内容。

5.2.4 导入零件

作为工具加工的对象，零件是场景搭建的重要对象，也需要导入软件中。在PQArt中，零件也称为工件，对工件的操作也就是对零件的操作。按是否内置在设备库内，PQArt将零件分为内置零件和自定义零件两种。根据其功能和作用，零件可分为场景零件和加工零件两种。其中，场景零件用来搭建工作环境，加工零件则是机器人的加工对象。下面按照内置零件和自定义零件分别讲述其导入方法。为与工作习惯一致，自定义零件也称为自定义元件。

1. 内置零件

PQArt设备库内置丰富的零件资源。单击“场景搭建”功能栏中的“设备库”图标，即可导入内置的零件，格式为robp，如图5.21所示。

2. 自定义元件

除内置零件，PQArt也支持自定义零件，其模型有零件、工具及机器人底座等多种选择。在功能和作用上，可将工具、零件及底座等看作自定义零件，以满足市场上多种零件的需求。自定义零件格式也为robp。

在PQArt中，自定义元件操作分为模型导入、定义零件及检测三步。

（1）模型导入　自定义元件模型的导入方法与工具导入方法相同。导入图5.5所示

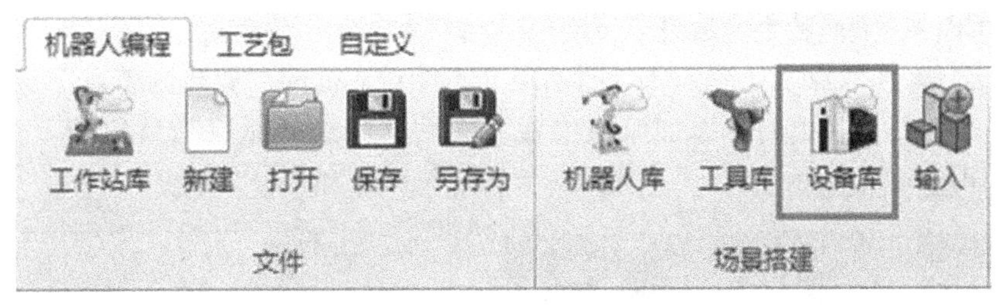

图 5.21

导入内置零件

“输入”图标，即可导入图 3.10 所示多种格式的自定义零件模型文件，绘图区便会显示出对应的零件模型。

（2）定义零件　相比于内置零件，自定义元件定位繁琐。为简化说明过程，按场景中只有零件、场景中存在机器人和工具两种情况分别简介如下。

1）场景中只有零件时。若场景中只存在一个模型，则可以直接定义；若场景中存在两个或更多模型，需要在“选择模型”对话框中选中“所有模型”，再在名字下拉列表框中选择需要定义的模型名称，如图 5.22a 所示。在“定义零件”对话框中，按照需要填入作者、公司和简介之后，单击“另存”按钮将定义好的零件保存至指定位置，如图 5.22b 所示。

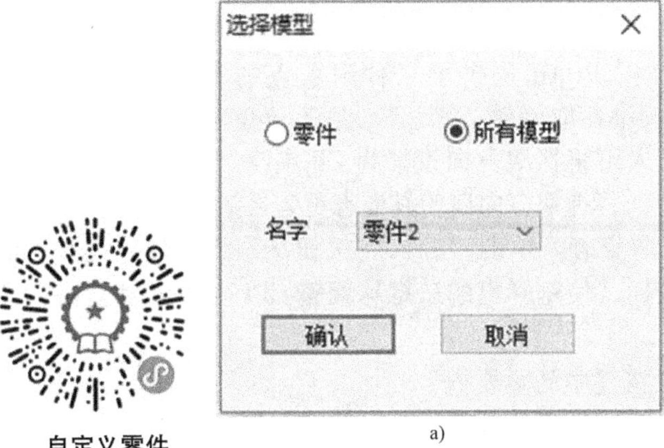

自定义零件

a)

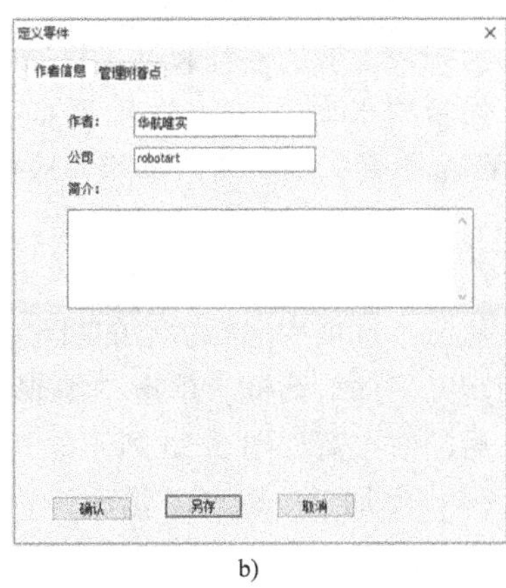

b)

图 5.22

选择模型及定义零件对话框

单击图 5.22b 所示对话框中的“确认”按钮，确认当前的定义零件操作，则可直接在搭建的场景中加工此零件。单击“取消”按钮，取消当前定义零件的操作。

2）场景中存在机器人和工具。此时，对零件的抓取有如下两种方法：①利用三维球调整机器人和工具的位姿，使其处于抓取零件时的姿态；②定义零件，并给其添加 CP 抓取点和 RP 放开点。

以机器人上安装有一个法兰工具和快换工具夹爪，并用夹爪抓取和放开“工”字形零件为例进行说明，其场景如图 5.23 所示。

按照工作过程定义工具与零件的接触位置，抓取时工具需要与零件上的“抓取点”接触，放开时工具与零件从“放开点”脱离。为此，需要按照如下步骤为零件添加一个或若干个抓取点 CP，一个或若干个放开点 RP。

（3）添加 CP 抓取点　在图 5.22b 所示定义零件对话框的“管理附着点”选项卡中，单击“+CP”按钮，在弹出的“添加抓取位置”对话框中选择抓取工具和 TCP 点，以及 CP 点的姿态，如图 5.24 所示。

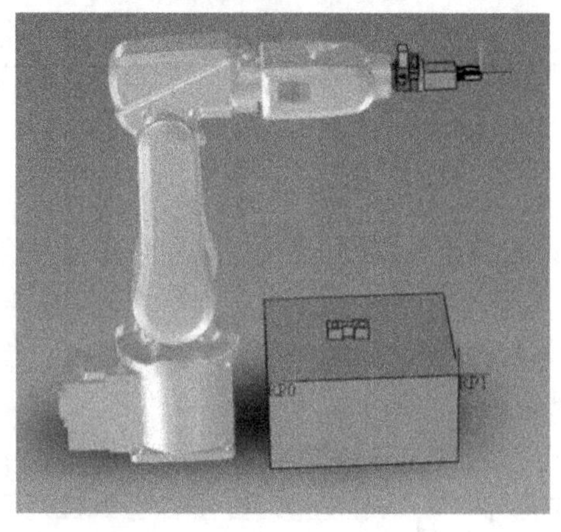

图 5.23

定义零件场景示意图

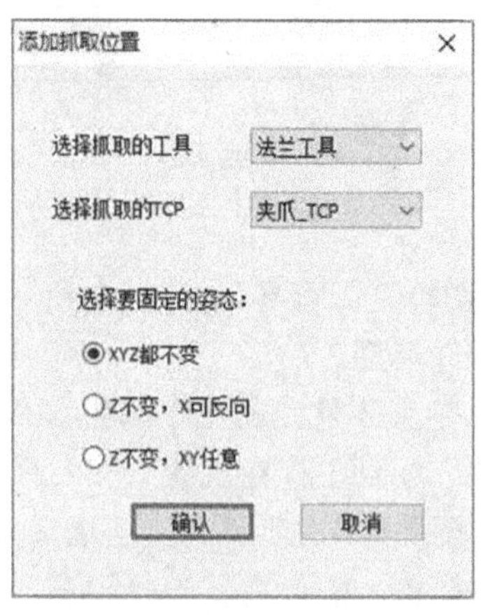

图 5.24

“添加抓取位置”对话框

为统一设置的便利起见，机器人的抓取规则一般为工具 TCP 点的 Z 轴与 CP 点的 Z 轴相对，两者的 X 轴同向，Y 轴反向。同时，PQArt 提供了三种附着点的姿态选项分别为：①XYZ都不变，则机器人按照一般抓取规则抓取元件；②Z 不变，X 可反向，则抓取时若出现不可达或遇到其他障碍的情况，机器人可将抓取方向设置为 CP 点绕 X 轴旋转 180°的方向；Z 不变，XY 任意，则机器人可任意选择抓取方向以使其姿态更为灵活。

从三个选项中选择适当的机器人抓取姿态，单击“确认”按钮从添加抓取位置对话框返回定义零件对话框。单击“编辑”按钮，使用弹出的三维球调整 CP1 点位置和姿态，完成之后的效果图如图 5.25 所示。

（4）添加 RP 点　RP 点放开是场景搭建中的重要概念，也是理解上有一定难度的知识点之一。所谓的放开点其实也是接触点，放开点可以位于零件上，也可以位于放置零件的工作台上。零件上的放开点是机器人与零件的接触点，工作台上的放开点可以理解为零件放置时的基准点。需要注意的是，在放置零件的工作台上设置放开点之后，才可以在零件上添加放开点。添加 RP 点有自动和手动两种方法。

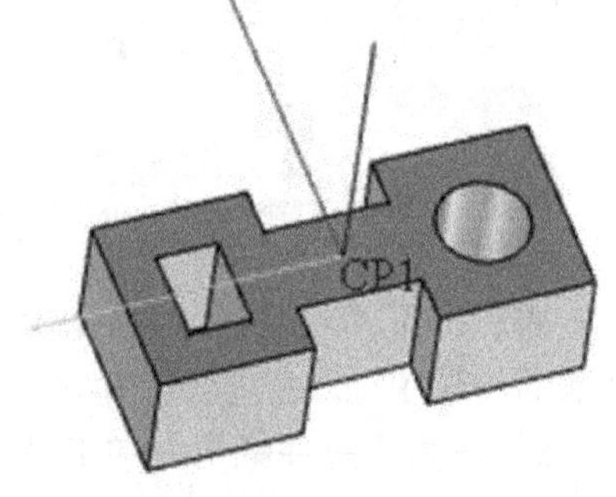

图 5.25

添加 CP1 点抓取效果图

① 自动添加 RP 点。在图 5.26 所示定义零件对话框的管理附着点选项卡内，单击 +RP 自动添加 RP 点按钮，在弹出的添加放开位置对话框中，将“选择放开的零件”选择为放置定义零件的工作台，将“选择零件上放开点”选择为工作台上的放开点 RP，再选择需要固定的姿态，即选定零件放开点 RP 的位置和姿态。依次单击添加放开位置对话框中的“确认”按钮和定义零件对话框内的“确认”按钮，生成的 RP 点姿态如图 5.27 所示。

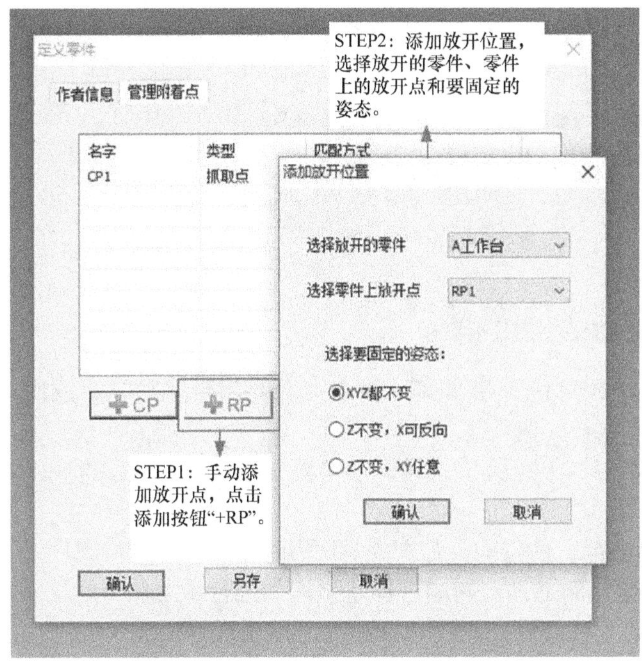

图 5.26

自动添加 RP 点

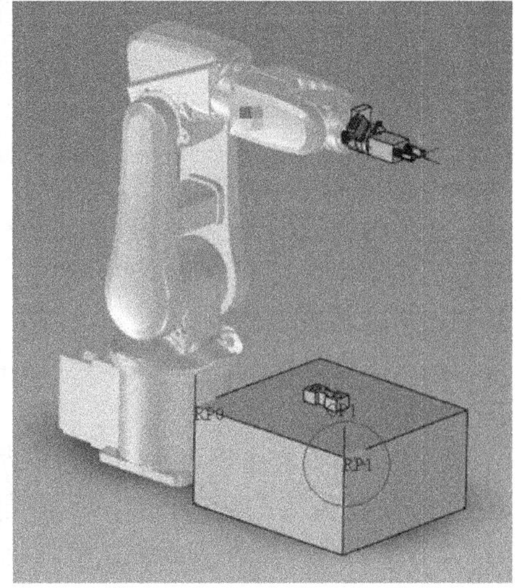

图 5.27

自动生成的 RP1 点姿态

② 手动添加 RP 点。在图 5.26 所示定义零件对话框的管理附着点选项卡内，单击 +RP 手动添加 RP 点按钮，再单击"编辑"按钮，即可使用弹出的三维球对 RP 点进行编辑，直至符合工程项目的场景搭建需求。手动添加方法生成的 RP 姿态如图 5.28 所示。

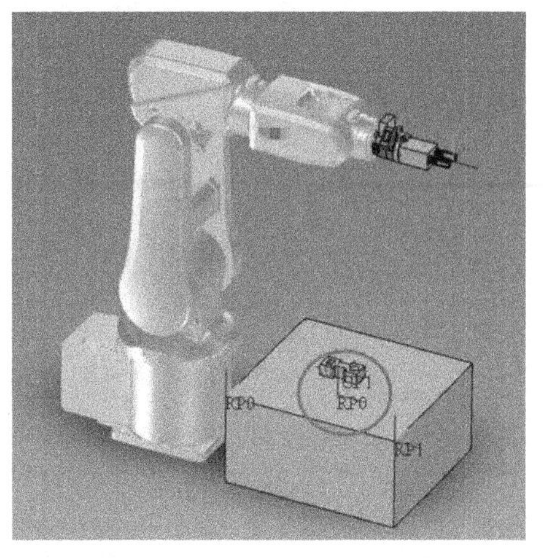

图 5.28

手动生成的 RP 点姿态

与自动添加 RP 点方法相比，手动添加 RP 点方法具有更大的自主性和灵活性。利用三维球工具，不但可以选择需要固定的姿态，而且可以根据实际工程项目需求调整零件在工作台上的固定位置，更容易使机器人符合可达性等工作条件要求。

此外，单击设备库图标还可以导入官方提供的多种格式的零件、底座、状态机等。为便于检索，机器人库、工具库及设备库均支持筛选、搜索和排序等附加功能。需要说明的是，经输入功能导入的模型需定义后才可在 PQArt 中使用。

5.3　工件校准

导入机器人、工具、零件、底座和状态机等仅完成场景搭建功能，通俗讲就是将这些需要使用的设备集中在一起，还没有进行位置的摆放，也没有确定彼此间的相对位置关系。诸如焊接、堆垛、涂装及去毛刺等工况就需要根据所选机器人的工作空间、工具及零件尺寸等确定设备的合适位置，以保证工作轨迹在机器人全工作空间内，这就需要场景搭建之后的工件校准工序。即工件校准用来确保软件设计环境中机器人与零件或外部工具的相对位置与真实环境中两者的相对位置的一致性，并确保仿真和后置的可靠性。

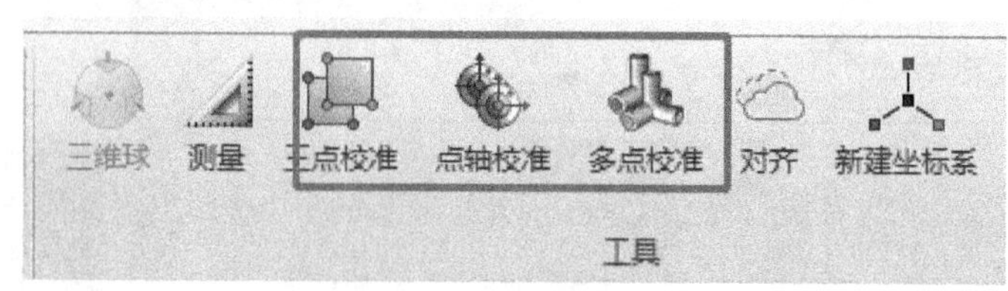

图 5.29

“工具”功能栏中的校准图标

运行工件校准功能非常简单，单击图 5.29 所示“工具”功能栏中的校准图标，即可运行工件校准功能。

一般而言，在如下两种情况下必须进行工件校准，如图 5.30 所示。

1）机器人“手持”工件，且需配合外部工具，则应选择基坐标系进行校准。

2）工件位于机器人外部，且与机器人无接触，则应选择法兰坐标系进行校准。

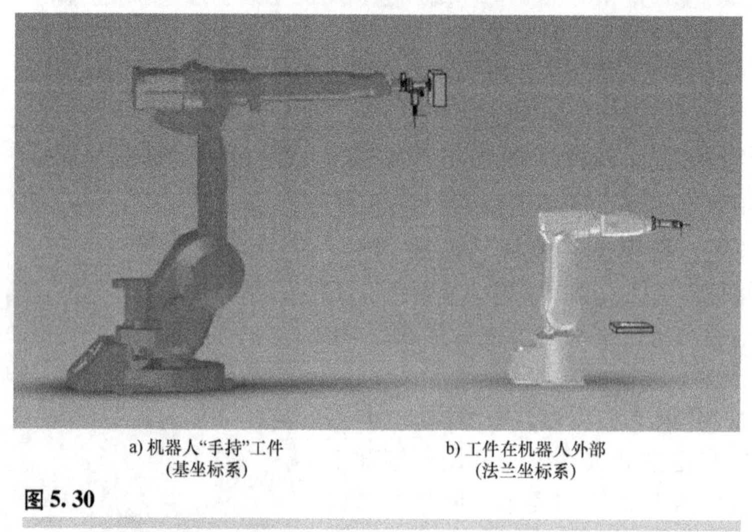

a) 机器人“手持”工件（基坐标系） b) 工件在机器人外部（法兰坐标系）

图 5.30

工件校准的两种情况

PQArt 提供三点校准、点轴校准及新建工件坐标系三种工件校准方法。

5.3.1 三点校准法

三点校准法建立在不共线的三点确定一个平面的数学原理基础上，就是拾取不共线的三点来校准零件或外部工具相对机器人的位置和姿态的方法。这是 PQArt 最常用的工件校准方法，其界面如图 5.31 所示。

1）坐标系下拉列表框提供工件位置所参考的坐标系，包括基坐标系和法兰坐标系两种。其中，基坐标系固定在机器人底座，用于确定机器人在惯性坐标系中的绝对位置；法兰坐标系一般固定于机器人末端法兰盘上，是工具位置的原点。一般情况下，法兰坐标系 Z 轴向外，X 轴向下。

2）模型下拉列表框应提供当前需校准的工件，图 5. 31 所示界面中为砂带机。

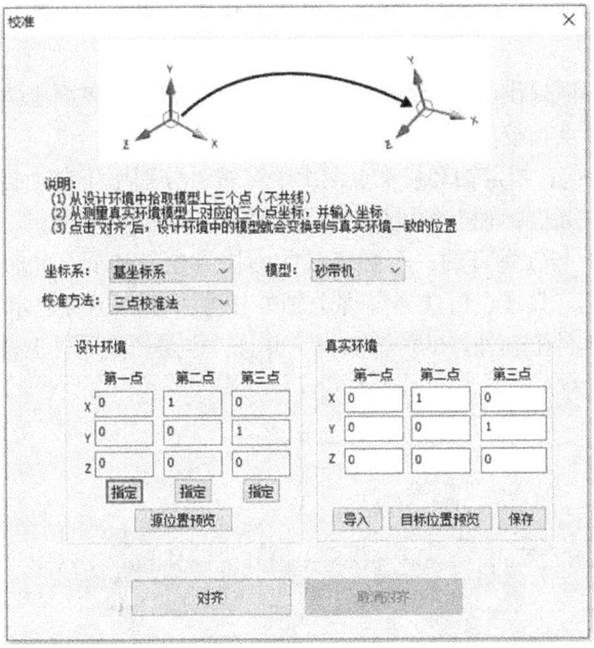

图 5. 31

三点校准法界面的校准对话框

3）校准方法选择三点校准法。

4）设计环境区域自动提供绘图区内的三点位置坐标。可以单击“指定”按钮分别指定绘图区内的三点位置坐标；单击“源位置预览”按钮，则可将校准前的工件位置以坐标系形式显示在绘图区内。

5）真实环境区域自动提供真机操作环境中与绘图区内三点对应的三点位置坐标。为提高精度，单击“导入”按钮，则可导入保存在 txt 文件内真实环境中测量的三点坐标数据；单击“保存”按钮，则可将输入的真实环境中测得的三点坐标数据保存在 txt 文件内；单击“目标位置预览”按钮，则可将校准后的工件位置以坐标系形式显示在绘图区内。

6）单击下部的“对齐”按钮，可在设计环境区域的三点坐标和对应的真实环境区域内的三点坐标数据基础上，使用三点校准法实现工件校准。

7）三点校准法的注意事项可参考如图 5. 31 所示界面上部的说明。

5. 3. 2　点轴校准法

点轴校准法建立在一条轴及轴外一点确定一个平面的数学原理基础上，与三点校准法没有本质的区别。不同的是，三点法选择的是不共线的三个点，而点轴法选择的是一条轴及轴外一点。若将三点法中的任意两点连接为一条轴，则三点法就转换为点轴校准法。与三点法不同的是，点轴校准法确定这个面的“反正”，在实际校准时还需借助轴翻转功能做进一步调整。其界面如图 5. 32 所示。

1）坐标系下拉列表框提供工件位置所参考的坐标系，包括基坐标系和法兰坐标系两种。其中，基坐标系固定在机器人底座内，用以确定机器人在惯性坐标系中的绝对位置；法兰坐标系一般固定于机器人末端法兰盘上，是工具位置的原点。一般情况下，法兰坐标系 Z 轴向外，X 轴向下。

2）模型下拉列表框提供当前需校准的工件，图 5. 32 所示界面中为 VSDJ1_2。

3）校准方法选择点轴校准法。

4）设计环境区域包含指定轴和校准点两个子区域，分别用于自动提供绘图区校准轴的向量，即在惯性坐标系三条坐标轴上的投影数据和轴外的校准点位置数据。需要注意的是，在校准工件时应选择零件上与轴垂直的一个圆环或曲面作为参考基准，此时，确定的是轴位置数据，而不包括方向数据。校准点可选择零件上轴外任意一点。也可以单击“指定”按钮指定校准轴的方向数据和零件上轴外点的位置数据，并且，也必须是零件上轴外点的位置数据。

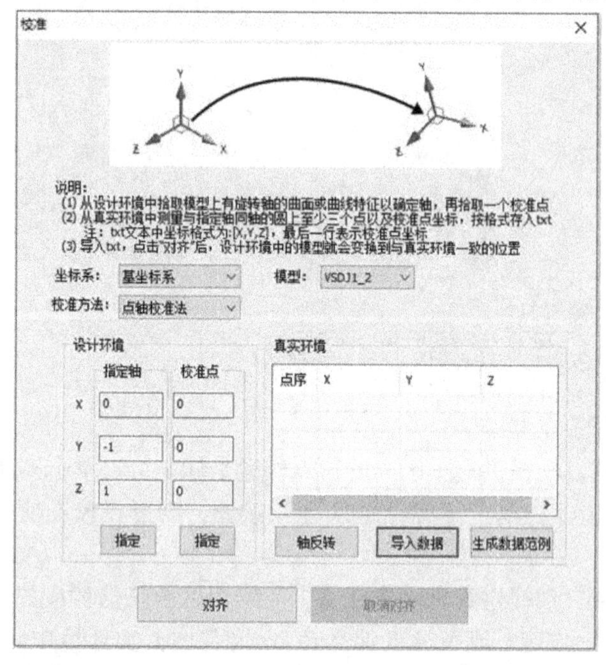

图 5. 32

点轴校准法界面

5）在真实环境区域内，单击“导入数据”按钮可从 txt 文件内导入实际环境中测得的轴数据文件，并显示在表格内；单击“生成数据范例”按钮，可将真实环境中的轴数据和点数据导出为 txt 文件，以便日后查看；输入设计环境和真实环境区域内的数据后，单击下部的“对齐”按钮可查看点轴法效果。若轴向与预期不一致，单击真实环境区域内的“轴反转”按钮可在调整轴方向后再次进行校准。此时，轴反转功能重新确定了校准轴的方向。

需要注意的是，真实环境内至少应采集三个点用以确定轴的方向和位置，并且，这三个点必须来自于与轴线垂直的圆柱端面边线或圆孔边线，以提高精度。

点轴校准法的其他注意事项可参考图 5. 32 所示界面上部的说明。

5. 3. 3　新建坐标系法

在三点校准法和点轴校准法无法达到校准目的时，新建坐标系法可以认为是实现工件校准的“终极”方法。可以这样理解，新建坐标系法就是使用设计环境内的新指定轴和校准点，以及真实环境内的新校准点重新使用三点校准法或点轴校准法进行校准的方法，简单而实用。具体操作方法参考 5.3.1、5.3.2 小节。

5.4　本章小结

本章是本书的基础内容之一，详细介绍了工艺生成基础的场景搭建和工件校准功能，尤其是与场景搭建相关的机器人与底座、工具及工件的导入方法与过程，为后续具体工程实例中与工艺生成相关的轨迹设计、虚拟仿真与后置等环节奠定应用基础，需要读者认真学习和领会。

第 6 章 PQArt 工作轨迹

本章是本书的核心和重点内容。在场景搭建及工件校准的基础上，重要讲述与工艺相关的轨迹设计问题，尤其是轨迹及轨迹点等相关的内容。

6.1 生成轨迹

校准工件后即可进行生成轨迹操作。轨迹与焊接、堆垛、涂装及去毛刺等具体工艺密切相关，生成的轨迹决定机器人的运动路径和姿态。PQArt 直接提供了轨迹生成及轨迹导入功能。

此外，PQArt 还提供了轨迹编辑功能，在生成轨迹或导入轨迹之后对其进行编辑生成，使轨迹达到最佳效果。

6.1.1 轨迹导入

轨迹导入是借助外部工具间接生成机器人运动路径的方法。单击“基础编程”功能栏的导入轨迹图标，如图 6.1 所示。

图 6.1

“基础编程”功能栏及导入轨迹图标

单击导入轨迹图标后弹出打开对话框，如图 6.2 所示。选择软件支持的 robpath、apt-source 或 nc 格式的轨迹文件，即可导入其他软件或 PQArt 生成的轨迹。其中，robpath 是 PQArt 导出的轨迹文件，可将单条或多条轨迹以 robpath 格式保存至本地。

6.1.2 轨迹生成

生成轨迹是最简单和最直接的生成机器人运动路径和轨迹的方法。轨迹生成图标在

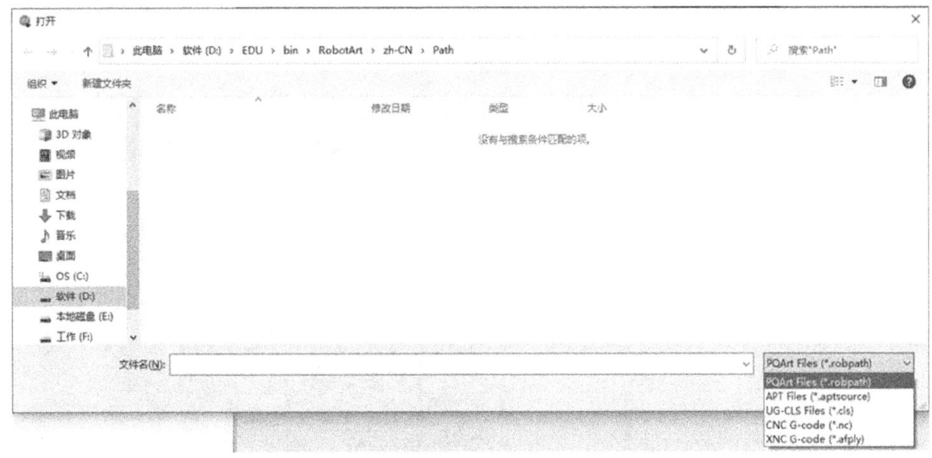

图 6.2

打开对话框

“基础编程”功能栏中的位置如图 6.3 所示。

图 6.3

“基础编程”功能栏

PQArt 支持基于点的轨迹规划、基于边的轨迹规划和基于线的轨迹规划三种轨迹生成方式。

1. 基于点的轨迹规划

基于点的轨迹规划针对打孔工艺，对应工程上常见的“点云打孔”轨迹生成类型。只需拾取孔位点，加上其轨迹方向及轨迹 Z 轴指向的平面即可确定待打孔的轨迹。同时，用户可使用“点云打孔”属性面板设置孔深、轨迹往复、工具偏移量及关联的 TCP 等具体结构参数和控制参数，以便于工程实现和代码后置。

单击“基础编程”功能栏的生成轨迹图标，打开轨迹属性界面，如图 6.4 所示。轨迹类型选择“点云打孔”，在模型上先后拾取元素：点、面、零件/装配并填入孔深等参数。再单击左上角绿色☑按钮，即可生成如图 6.5 所示轨迹。

此外，单击如图 6.4 所示界面中的“类型”标签，将弹出更加详细的“点云打孔”属性界面，其中，孔深为打孔深度，单位为 mm。

“工具偏移量”下拉列表框用于选择工具在实际操作过程中偏移的距离，一般指沿 Z 轴正向的偏移量。勾选“生成往复路径”复选框后，打孔时工具会上下往复移动。“使用的工具”与“关联 TCP”下拉列表框用于设置轨迹关联的工具及其上的 TCP。与轨迹关联后，此 TCP 即为加工该轨迹的 TCP。

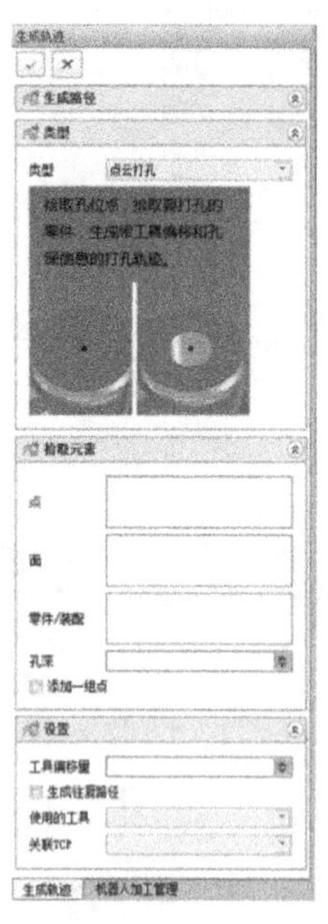

图 6.4

轨迹属性界面

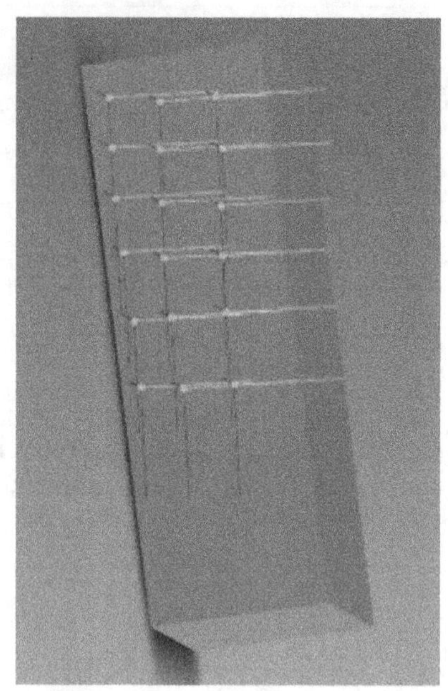

图 6.5

点云打孔轨迹

2. 基于边的轨迹规划

相对于基于点的轨迹规划，基于边的轨迹规划功能实现的路径更加复杂，对工程而言更加实用化。目前，PQArt 支持沿着一个面的一条边、面的外环、一个面的一个环及边四种方式生成机器人运动路径和轨迹。

（1）沿着一个面的一条边　沿着一个面的一条边是 PQArt 支持的第一种基于边的轨迹规划方法。选择一条边，配合其轨迹方向及轨迹 Z 轴指向的平面即可确定轨迹。即拾取一条边及其相邻的面，沿着此条边搜索其他的边来生成机器人运动轨迹，其界面如图 6.6 所示。

图 6.6

沿着一个面的一条边的轨迹规划

以油盘应用的轨迹规划为例，类型选择“沿着一个面的一条边”。在“拾取元素”区域内，拾取线即单击零件待加工面上的某条边，箭头代表轨迹方向，单击该箭头可改变箭头及轨迹方向，使其反转，某油盘应用的轨迹规划如图 6.7a 所示；拾取面即选择与所选边相邻的一个面，如图 6.7b 所示；拾取必经边用于确定唯一的轨迹路径，待生成轨迹方向上有多条路径时，指定一条必经边即可唯一确定轨迹路径，如图 6.7c 所示。

在“搜索终止条件”区域内，拾取已拾取的面上的某点作为终止点，即可终止搜索并在此处结束轨迹路径，如图 6.8 所示。

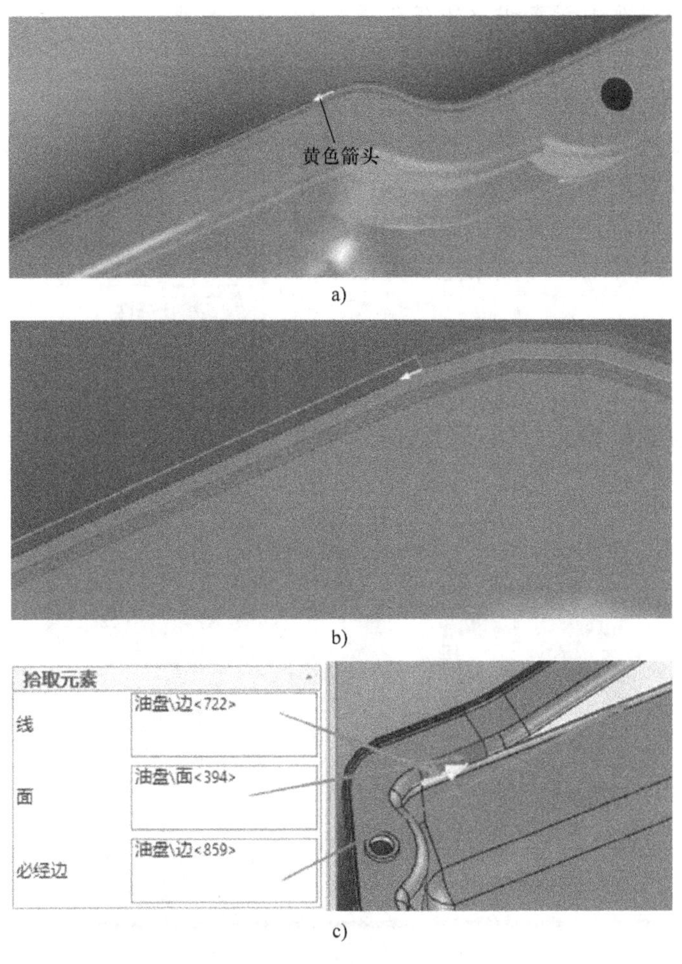

a)

b)

c)

图 6.7

拾取线、面及必经边的路径规划示例

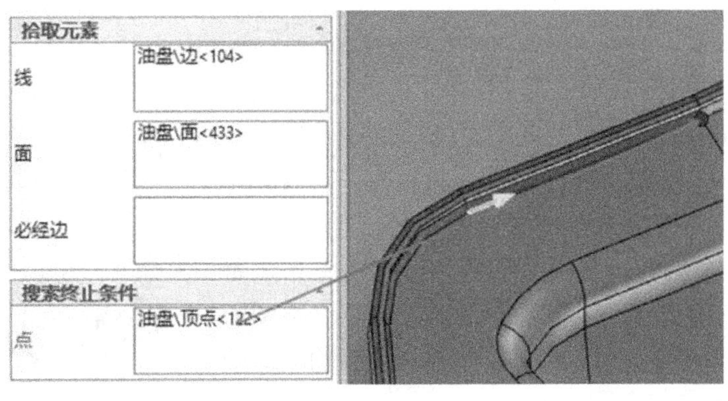

图 6.8

拾取终止点路径规划示例

此外，在“拾取元素”和“搜索终止条件”区域单击鼠标右键，弹出的菜单如图 6.9

所示，可从中选择对选中元素或终止条件要进行的删除、清除、上移或下移操作。

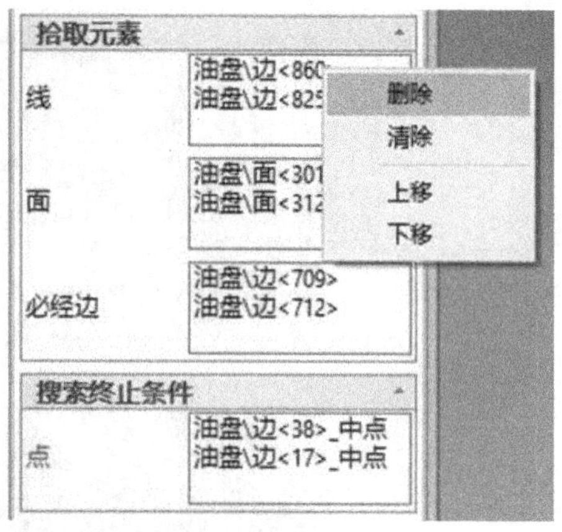

图 6.9

对拾取元素或终止条件可进行的操作

（2）面的外环　面的外环是 PQArt 支持的第二种基于边的轨迹规划方法。顾名思义，面的外环就是选择三维模型的某个面，在这个面的最外侧封闭边界生成运动轨迹的方法。因此当需生成轨迹为单个平面的外环时，可使用这种方法来确定机器人运动轨迹。

以气缸零件去毛刺为例，打开轨迹属性界面，类型选择“面的外环”。在“拾取元素”区域内，将拾取元素选择为图 6.10 所示面，则面的外环即为需要去毛刺的边。

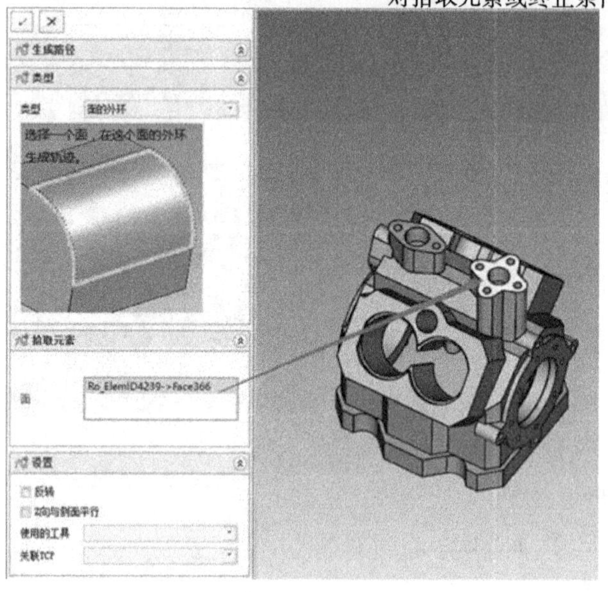

图 6.10

面的外环轨迹规划示例

单击图 6.10 所示界面左上角的完成按钮✓，生成的轨迹路径如图 6.11 所示。因可用于外边操作，面的外环方法多用于去毛刺、倒角和倒圆等工艺场合。

（3）沿着一个面的一条边　沿着一个面的一条边是 PQArt 支持的第三种基于边的轨迹规划方法。这个类型与上述面的外环类型功能类似，但其不仅可以选择简单面的外环，还可以选择面的内环。

以气缸零件平面内环去毛刺为例，打开轨迹属性界面，类型选择“沿着一个面的一条边”。在“拾取元素”区域内，拾取线就是选择需要去毛刺的边，拾取面就是选

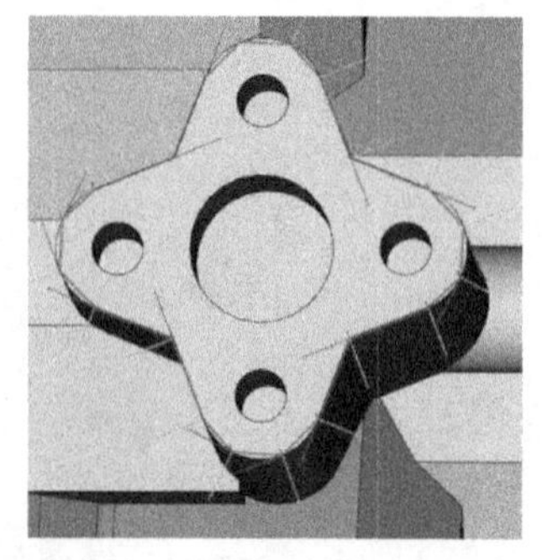

图 6.11

面的外环方法生成的轨迹路径

择需要去毛刺的边所在的面，如图 6. 12 所示。

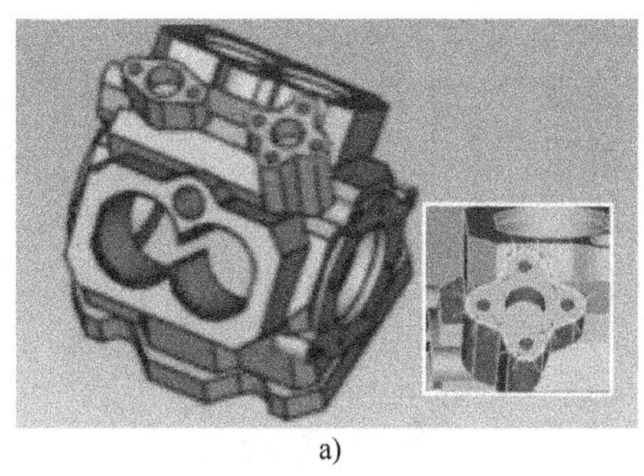

a)

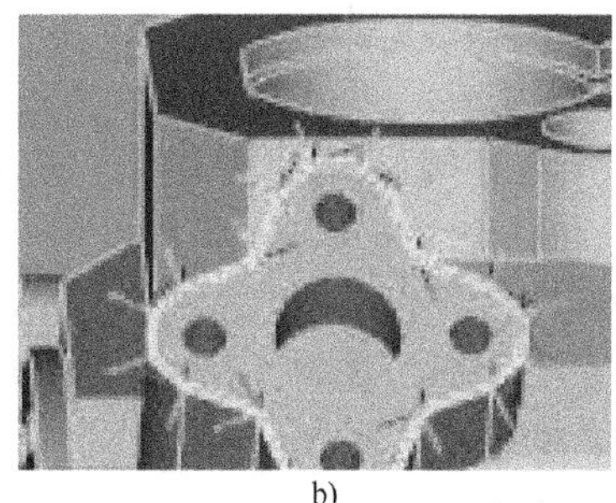

b)

图 6. 12

一个面的一条边轨迹规划示例

单击完成按钮，以沿着一个面的一条边方法生成的轨迹路径如图 6. 13 所示。由此可见，这种方法更适合平面内环的拾取，因此适用于对内环的去毛刺、倒角和倒圆等操作。与面的外环方法配合，可完成平面上所有边的去毛刺、倒角和倒圆等操作的轨迹规划，这也是离线编程与仿真的重要工程意义所在。

图 6. 13

一个面的一条边方法生成的轨迹路径

（4）边　边是 PQArt 支持的第四种基于边的轨迹规划方法。此处的“边”指的是一条单独的边，但也支持拾取多条边。拾取单条线段表示的“边”，加之轨迹 Z 轴指向的面即可实现轨迹规划。可灵活地拾取面元素，拾取的线可不在面上，无需面与边相邻。

以零件油盘涂胶为例，打开轨迹属性界面，类型选择“边”。在“拾取元素”区域内，拾取线就是选择油盘左内侧面的边，拾取面就是选择油盘左内侧面，如图 6. 14 所示。

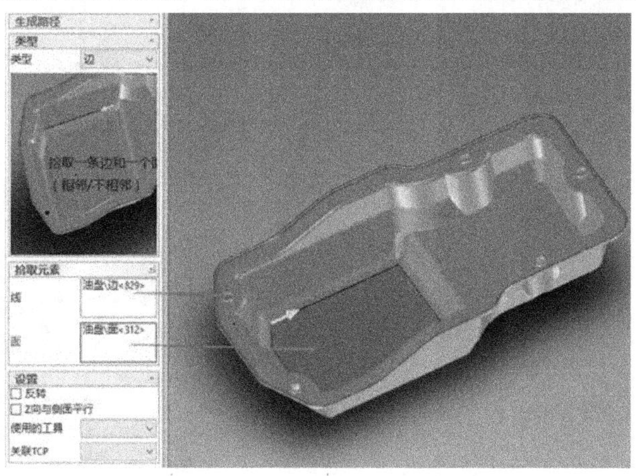

图 6. 14

边的轨迹规划示例

单击完成按钮✓，以边的方法生成的轨迹路径如图 6.15 所示。

3. 基于线的轨迹规划

基于线的轨迹规划可以看作基于点的轨迹规划和基于边的轨迹规划的功能增强，也是新版 PQArt 的特色和亮点。基于线的轨迹规划有曲线特征、边、一个面的一个环、面的外环及沿着一个面的一条边五种类型。其中，边、一个面的一个环、面的外环及沿着一个面的一条边四种类型与基于边的轨迹规划相同，都是通过一条边或线，再加上其轨迹方向和轨迹 Z 轴指向平面来确定轨迹，这里不再赘述。

图 6.15

边的方法生成的轨迹路径

曲线特征就是拾取一个曲线特征和一个面来生成规划轨迹的方法。下面以机器人写字的工程应用案例进行讲解。

打开轨迹属性界面，类型选择“曲线特征”。在“拾取元素”区域内，线就是选择待生成轨迹的目标曲线，面就是选择曲线所在的面，零件/装配就是选择目标零件，如图 6.16 所示。

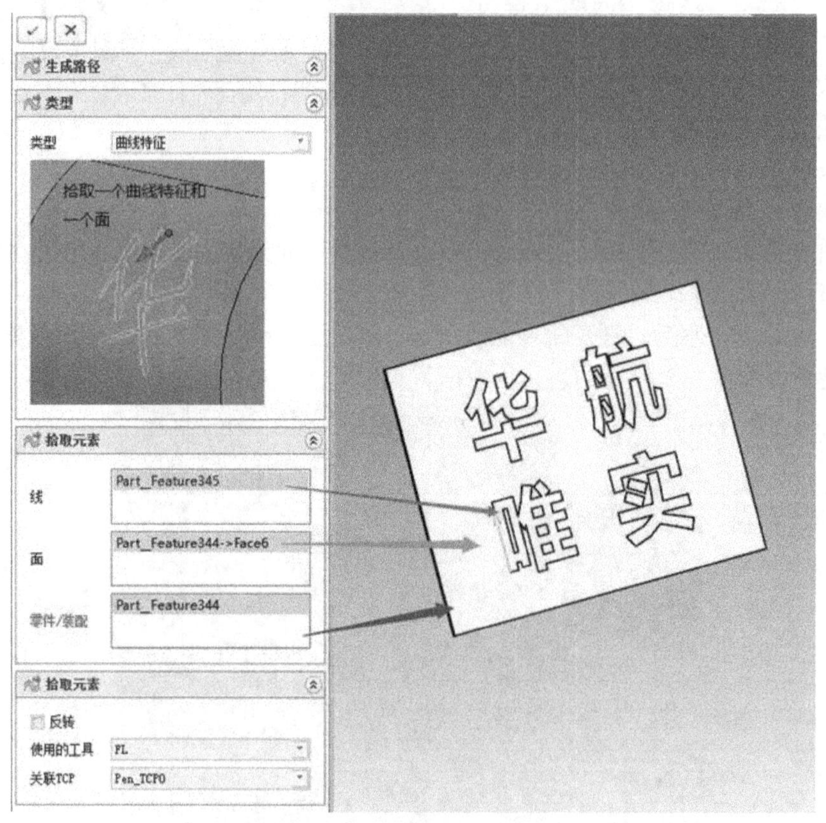

图 6.16

“曲线特征”的轨迹规划示例

单击完成按钮✓，曲线特征方法生成的轨迹路径如图 6. 17 所示。

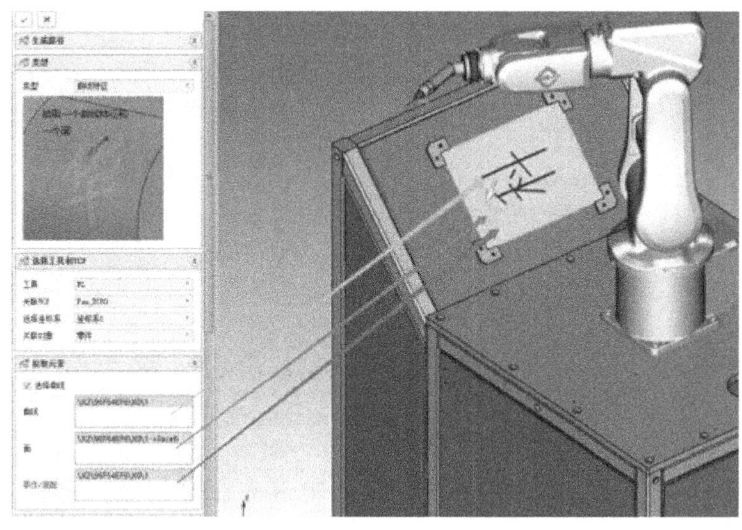

图 6. 17

曲线特征方法生成的轨迹路径

基于线的轨迹规划方法可以生成基于点的轨迹规划和基于边的轨迹规划的方法无法或难以生成的复杂的或多种的轨迹，尤其是曲线特征的规划提供了更大的灵活性。从某种程度上说，基于线的轨迹规划方法可以替代基于点的轨迹规划和基于边的轨迹规划方法。

6. 2　轨迹选项与属性

顾名思义，轨迹编辑就是将软件生成的轨迹或从外部导入的轨迹进行修改或编辑的功能。在存在不可达点或超限点等时，必须对轨迹上的部分轨迹点进行编辑以符合机器人的全工作空间等要求。PQArt 没有直接提供轨迹编辑图标，但可以通过机器人加工管理面板上单条/多条轨迹的右键菜单或调试面板上单个/多个轨迹点的右键菜单两种间接方法调用轨迹编辑功能。具体方法是用鼠标右键单击待编辑轨迹或轨迹上需要编辑的轨迹点，系统弹出的轨迹右键菜单和轨迹点右键菜单如图 6. 18 所示。

目前，PQArt 支持轨迹选项、轨迹属性及轨迹点属性三类命令。

6. 2. 1　轨迹选项

轨迹选项是 PQArt 支持的基础类命令，常用命令有修改步长和轨迹属性等。

轨迹为直线时，步长是两个相邻轨迹点间的直线距离。步长与轨迹点的密集程度密切相关，步长越大轨迹点越稀疏，步长越小轨迹点越密集。因此，修改步长可以改变轨迹点密集程度。在离线仿真和实际加工过程中，步长可根据实际情况修改。

生成轨迹后，可使用“机器人加工管理面板”→“轨迹历史”→“轨迹生成方式右键菜单”→“修改特征”菜单命令修改和删除其特征。在“轨迹历史”下，单击“沿着一个面的一条边”，弹出的菜单如图 6. 19a 所示。接着在“修改特征”上单击鼠标右键，系统弹

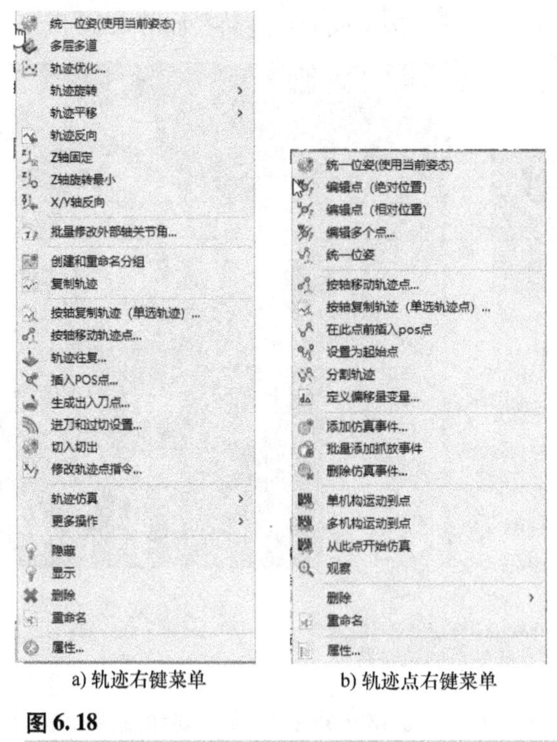

a) 轨迹右键菜单　　b) 轨迹点右键菜单

图 6.18

轨迹右键菜单和轨迹点右键菜单

出“修改步长”对话框，如图 6.19b 所示。PQArt 提供仅为直线生成首末点、必过连接点及仅为圆弧生成三个点三种步长修改方式。

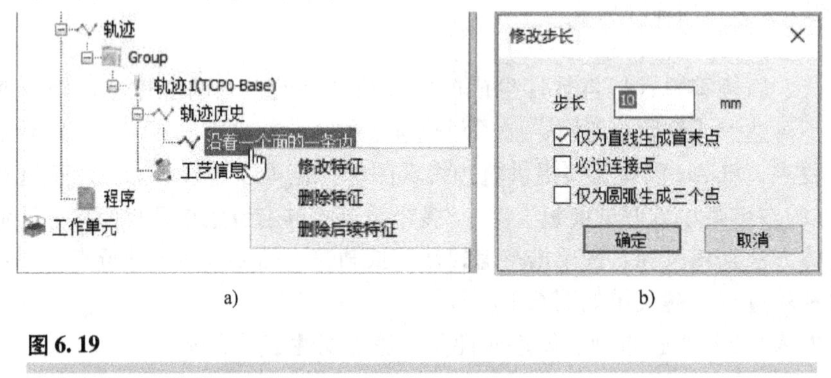

a)　　b)

图 6.19

修改步长右键菜单及对话框

（1）仅为直线生成首末点　此功能为修改步长的默认勾选选项，适用于轨迹上只需生成起始点和终点两个点的直线轨迹，一般应用于粗加工场合。在打磨等精加工场合，则需取消此项勾选。

以方框零件为例，初始轨迹如图 6.20a 所示。在如图 6.19b 所示对话框中，取消勾选“仅为直线生成首末点”，则新生成轨迹如图 6.20b 所示。

由此可见，直线轨迹上的轨迹点数量对仿真及实际加工效果无明显影响。但轨迹点数量对曲线轨迹影响明显，轨迹点越多曲线轨迹越圆滑，加工精度越高。

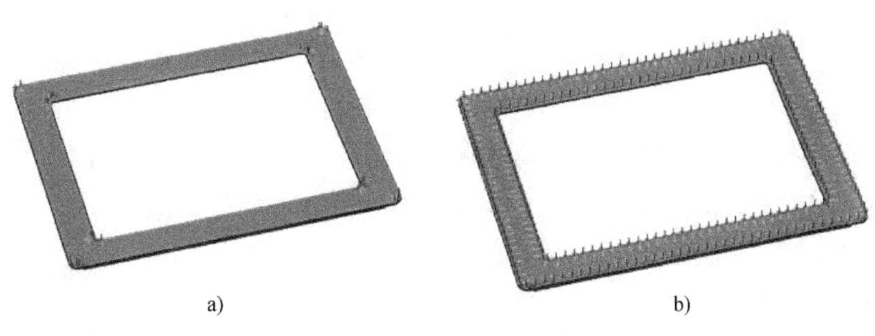

a)　b)

图 6.20

勾选及取消勾选“仅为直线生成首末点”对比图

（2）必过连接点　此处的连接点是指两条线段的交点，“必过连接点”选项要求工具必须加工工件上的此连接点。

以方框零件为例。在轨迹步长为 10mm，且长方体边长不是 10 的倍数时，轨迹会跳过直角顶点而直接连接下一条待加工边，初始轨迹如图 6.21a 所示。在如图 6.19b 所示对话框中，勾选“必过连接点”后，新生成轨迹如图 6.21b 所示。

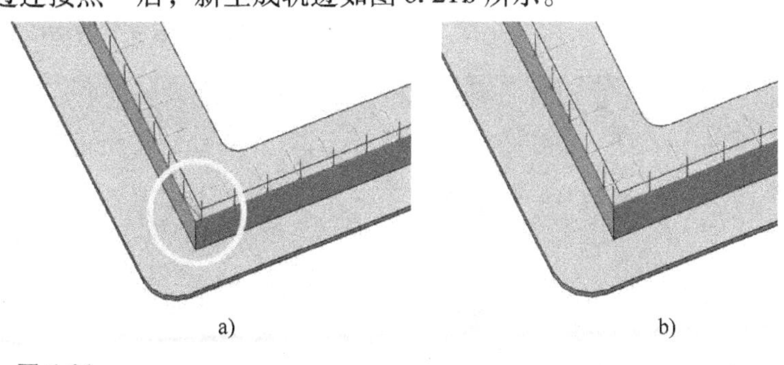

a)　b)

图 6.21

勾选及取消勾选“必过连接点”对比图

（3）仅为圆弧生成三个点　此选项适用于圆弧加工，即只用三个点实现圆弧轨迹加工的场合。一般来说，圆弧上的轨迹点越多，加工越精细。

以气缸去毛刺为例，其初始轨迹如图 6.22a 所示。在如图 6.19b 所示对话框中，勾选“仅为圆弧生成三个点”后，新生成轨迹如图 6.22b 所示。

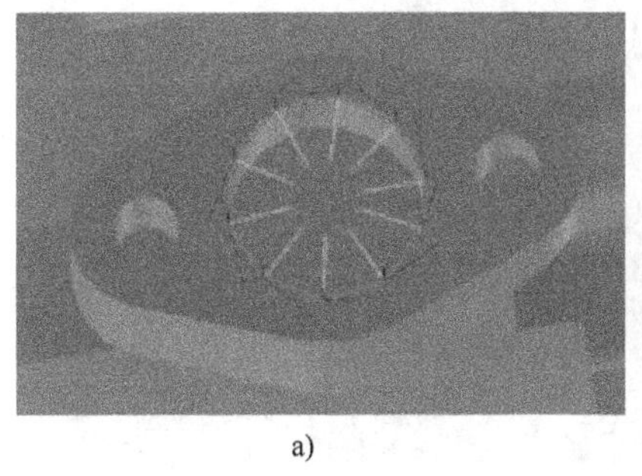

a)

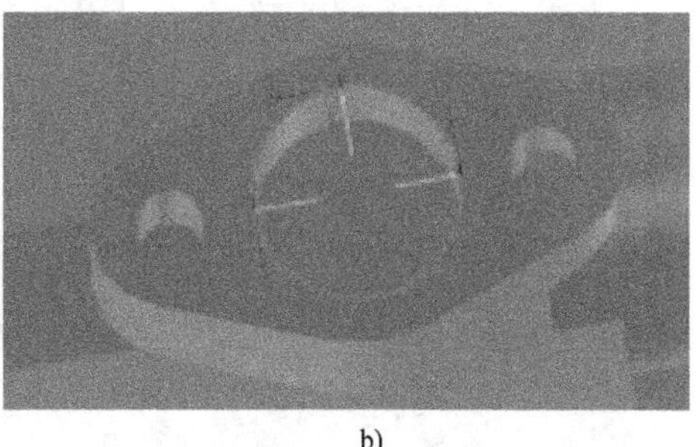

b)

图 6.22

勾选及取消勾选“仅为圆弧生成三个点”对比图

6.2.2 轨迹属性

轨迹属性位于轨迹右键菜单内，即与单条或多条轨迹及其上轨迹点相关的一系列属性和指令。轨迹属性功能提供轨迹显示、轨迹属性及点速度和圆弧过渡三个标签页来查看、调整这些属性和指令，如图 6.23 所示。

1. 轨迹显示标签页

轨迹显示标签页提供轨迹点和轨迹线两个区域，以及一个“应用到全部轨迹”复选框。轨迹点区域提供“显示轨迹点”“显示轨迹姿态”“显示轨迹序号”三个复选框，以及一个设置轨迹点大小的文本框，可分别用于设置是否显示轨迹点、轨迹姿态及轨迹序号等。其中，轨迹点大小的数值以像素为单位。勾选与取消勾选“显示轨迹点”功能对比如图 6.24 所示。

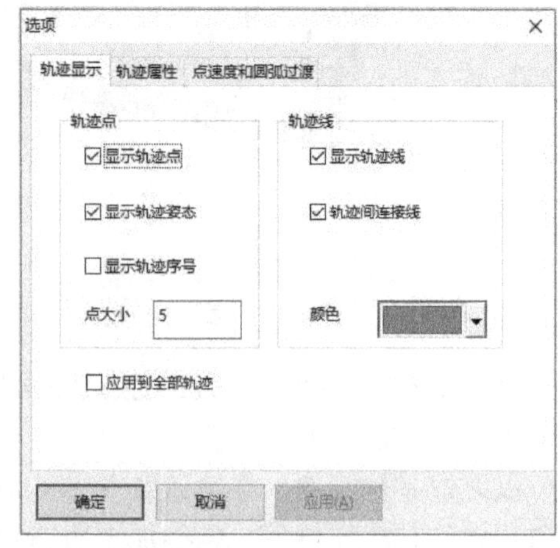

图 6.23

轨迹属性“选项”对话框

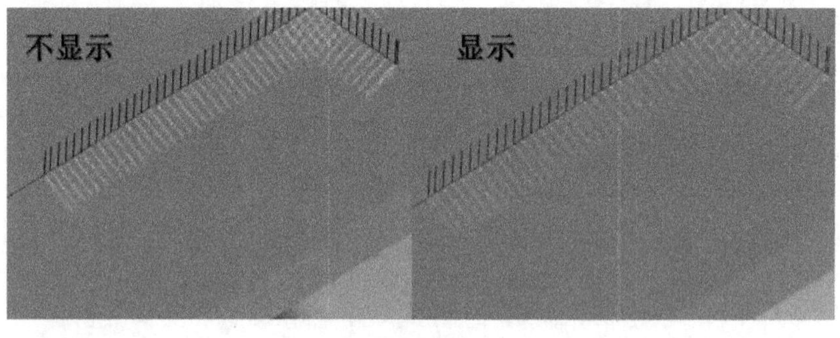

图 6.24

轨迹显示设置功能对比图

“显示轨迹姿态”复选框用于设置是否显示轨迹点的 X、Y、Z 三维坐标轴，其勾选与取消勾选的对比如图 6.25 所示。

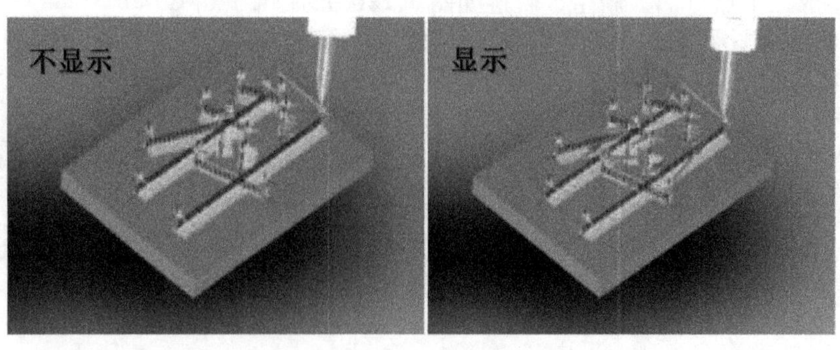

图 6.25

轨迹姿态设置对比图

轨迹线区域提供“显示轨迹线”和“轨迹间连接线”两个复选框，以及设置轨迹颜色的下拉列表框，分别用来设置是否显示轨迹线和轨迹间连接线，以及设置轨迹线颜色。“轨迹间连接线”复选框用于设置是否显示两条轨迹之间的连接线，其勾选与取消勾选的对比如图 6.26 所示。

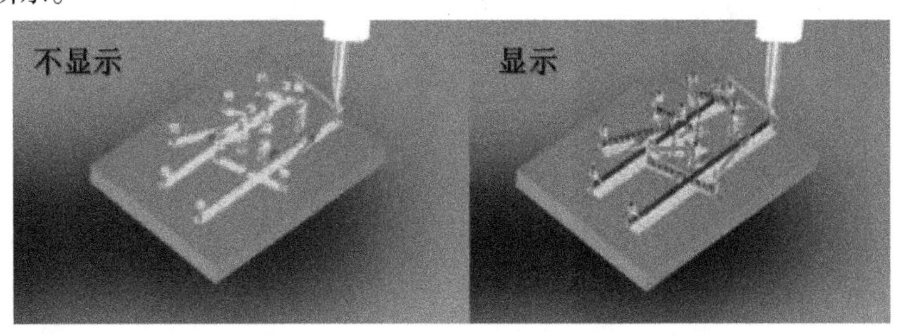

图 6.26

轨迹间连接线设置对比图

2. 轨迹属性标签页

轨迹属性标签页提供“关联零件”文本框及“使用的工具”“关联 TCP”和“使用坐标系”三个下拉列表框，可用来查看并修改当前轨迹关联的零件、机器人使用的工具、轨迹关联的 TCP 及使用的坐标系等，如图 6.27 所示。

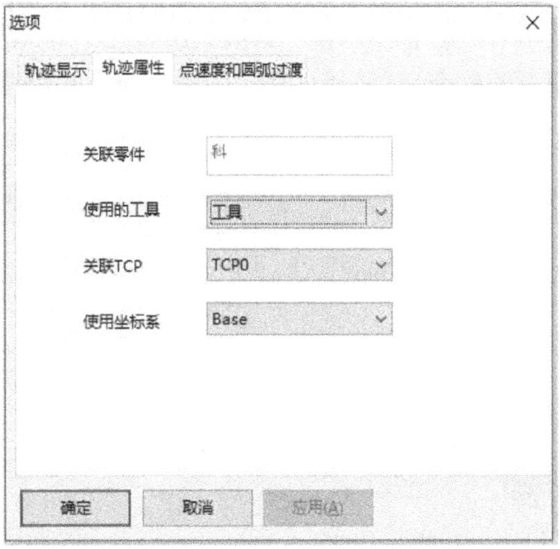

图 6.27

轨迹属性标签页

需要注意的是，在一般场景中存在多个零件、工具和坐标系时需谨慎选择使用的工具、关联的 TCP 和使用的坐标系等，以免基准错误。

3. 点速度和圆弧过渡标签页

点速度和圆弧过渡标签页用于设置轨迹的线速度，角速度，也就是机器人在真机环境下的运动速度，该速度值会在生成后置代码后控制机器人的实际运动速度，默认为 200mm/s。圆弧过渡功能用于在轨迹拐角点实现轨迹的圆弧平滑过渡。点速度和圆弧过渡标签页中的各区域如图 6. 28 所示。

图 6. 28

点速度和圆弧过渡标签页中的各区域

6. 3 轨迹优化

轨迹优化主要对所选轨迹进行整体调整。其最大用途在于解决轴超限及出现奇异点等问题，也用于优化部分轨迹点的姿态。“轨迹优化”对话框如图 6. 29 所示。

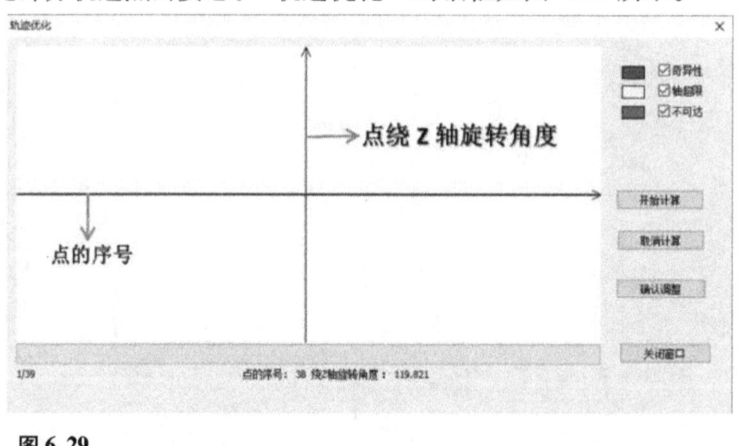

图 6. 29

“轨迹优化”对话框

“轨迹优化”对话框提供轨迹点个数、轨迹点序号及点绕 Z 轴旋转角度三类信息。其中的水平蓝线表示所有轨迹点的集合，竖直黑色线表示轨迹点绕 Z 轴旋转角度。鼠标在水平蓝线上移动时，轨迹点序号也随之改变。沿竖直黑色线上下移动时，改变的是点的姿态，即绕 Z 轴的旋转角度。界面右上方提供了“不可达”“轴超限”“奇异性”三类点，分别使用红色、黄点和紫色表示。

“轨迹优化”对话框还提供了“开始计算”“取消计算”“确认计算”“关闭窗口”四个按钮。其中，“开始计算”按钮提供二次优化功能，这是轨迹优化的核心功能。第一次单击

“开始计算”按钮时，系统将计算轨迹中的轴超限点、不可达点和奇异点，并以不同颜色将它们显示在“轨迹优化”界面中，并保存轨迹点姿态数据信息。将轴超限点、不可达点和奇异点调整至适当位置或姿态，再次单击“开始计算”按钮，可使系统再次运行轨迹优化功能。“取消计算”按钮用来终止计算，多用于轨迹点较多的较长或复杂轨迹。单击“确认调整”按钮，系统则会保存当前轨迹点姿态优化结果。单击“关闭窗口”按钮，系统则会关闭对话框并保存优化结果，直接关闭将放弃所做的轨迹点位置和姿态调整。

以如图 6.30 所示的油盘涂胶为例介绍轨迹优化步骤。

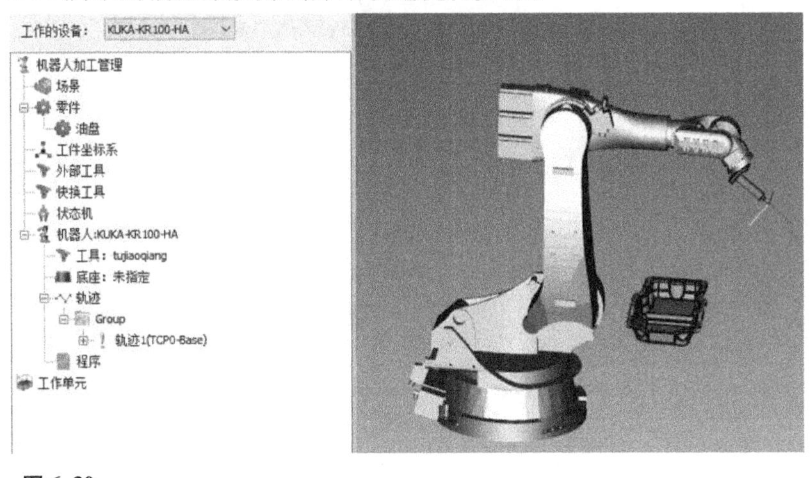

图 6.30

油盘涂胶操作界面

1）首次优化，查看有无轴超限点、不可达点和奇异点。使用轨迹右键菜单，调出如图 6.29所示“轨迹优化”对话框。单击“开始计算”按钮，对话框提示存在以黄色显示的轴超限点，如图 6.31 所示。

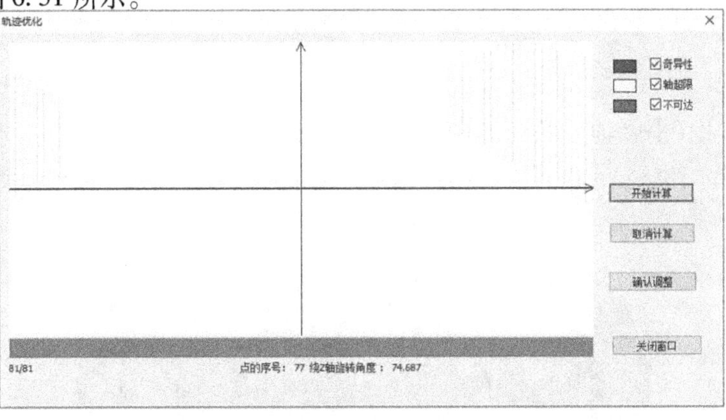

图 6.31

油盘涂胶轨迹首次优化

2）调整或删除点，根据提示，调整待轨迹优化的轨迹点范围。单击水平蓝线，线上出现四个绿色或紫色的提示点，用于拖动对应的轴超限点，使其离开黄色区域从而调整其姿态。右键单击“增加点”或“删除点”选项，可调整待优化轨迹点范围。如图 6.32 所示。

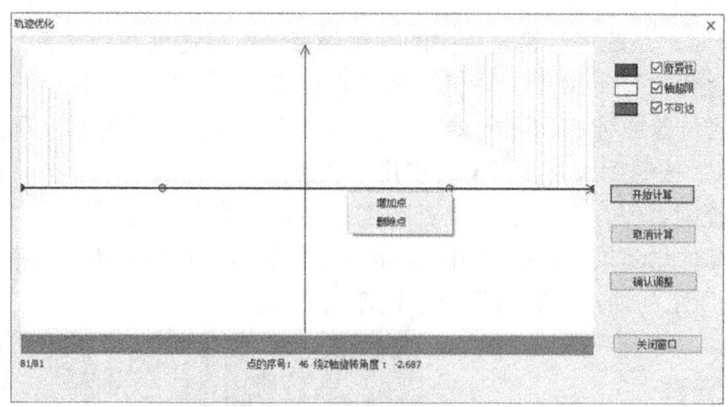

图 6.32

油盘涂胶调整轨迹点范围

3）调整轴超限点、不可达点和奇异点的位置和姿态。利用“增加点”或“删除点”选项，沿竖直黑色线拖动蓝线离开黄色区域，如图 6.33 所示。

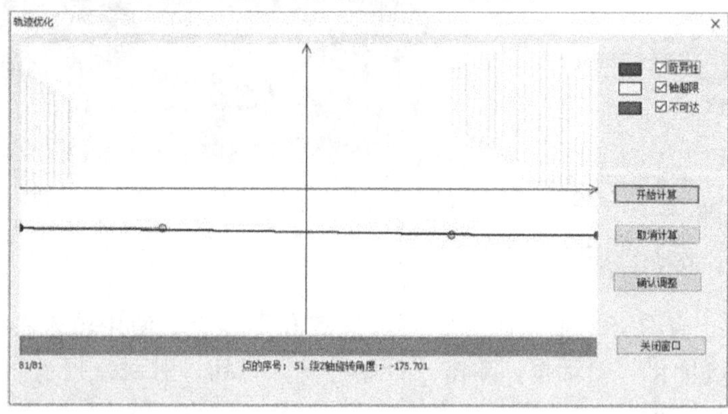

图 6.33

油盘涂胶调整轨迹点姿态

4）二次优化，消除轴超限点、不可达单和奇异点。再次单击“开始计算”按钮，确认优化结果。单击“确认调整”按钮，确认并保存优化结果，关闭窗口。轨迹优化结果如图 6.34所示，无轴超限点，轨迹优化结束。

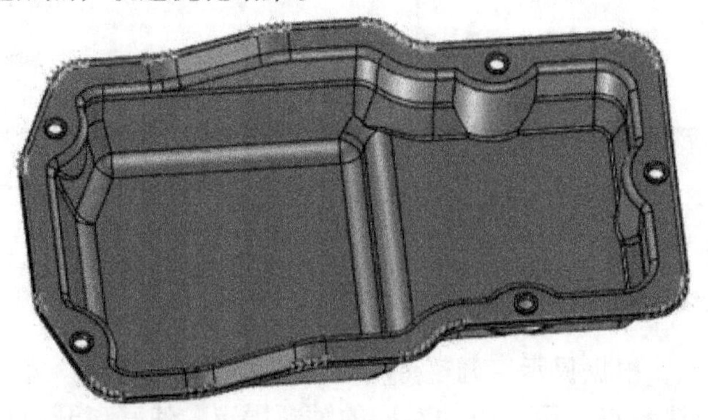

图 6.34

油盘涂胶轨迹优化结果

由此可见，轨迹优化是针对轨迹上的轴超限点、不可达点和奇异点进行的。进行轨迹点姿态优化即固定轨迹上待优化点的Z轴，仅将其绕Z轴旋转一定角度以满足姿态要求，角度大小将视实际情况而定。

不可达点和奇异点的优化过程与此相同，不再赘述。

6.4 轨迹属性与操作

1. 轨迹旋转

轨迹旋转也就是使轨迹上的所有点旋转指定角度，多用于调整轴超限点，或者改变轨迹点姿态以满足其他需求。根据实际需求，轨迹旋转可选择性地绕X、Y轴或Z轴旋转。

轨迹旋转有标准旋转和三维球旋转两种方法，"轨迹旋转"对话框如图6.35a所示，三维球旋转界面如图6.35b所示。

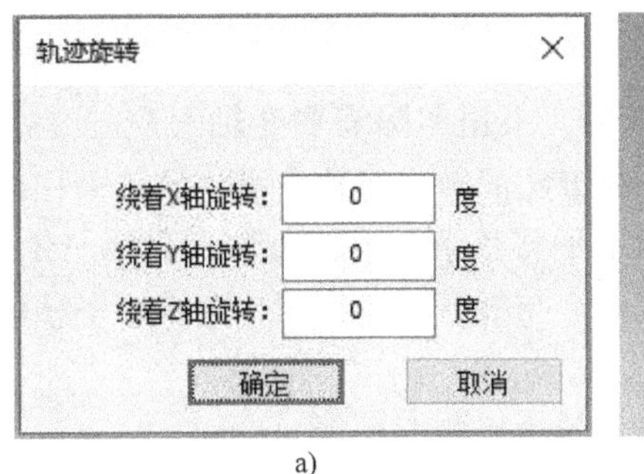

a)

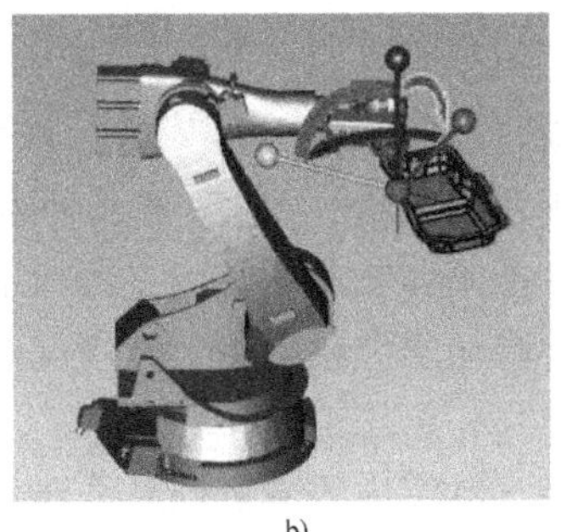

b)

图6.35

"标准旋转"对话框和三维球旋转界面

标准旋转是在"轨迹旋转"对话框内，根据实际需要在旋转轴对应的文本框内输入旋转角度值，以实现轨迹旋转的方法。标准旋转方法简单、直观，可得到轨迹的准确位置和姿态。三维球旋转就是在待旋转轨迹上使用三维球来旋转整条轨迹的方法。激活三维球旋转命令后，弹出的三维球会默认定位在第一个轨迹点上。与标准旋转相比，三维球旋转可实时观察轨迹点姿态和调整效果，更加直观。

例如，某型气缸零件的原轨迹与旋转后的轨迹如图6.36所示。

a)

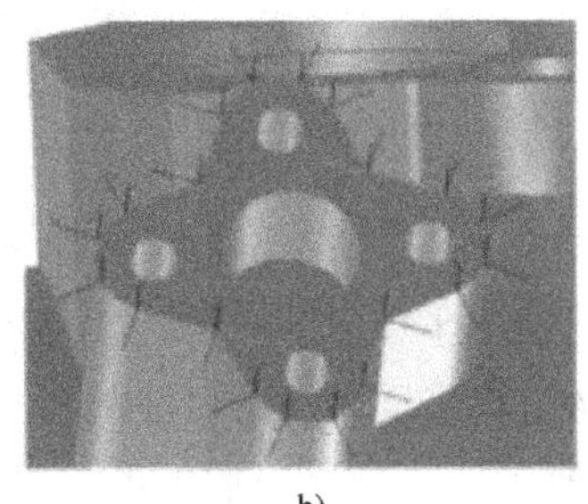

b)

图6.36

轨迹旋转效果对比图

2. 轨迹平移

轨迹平移就是将轨迹沿 X、Y、Z 三轴平移一定距离，有标准平移和三维球平移两种方法，界面如图 6.37 所示。

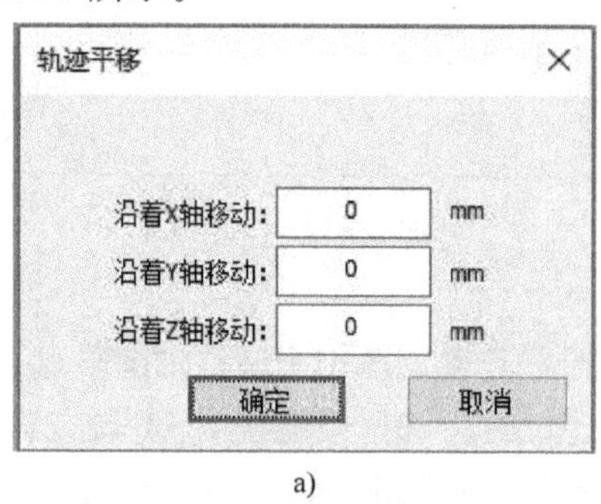

a)

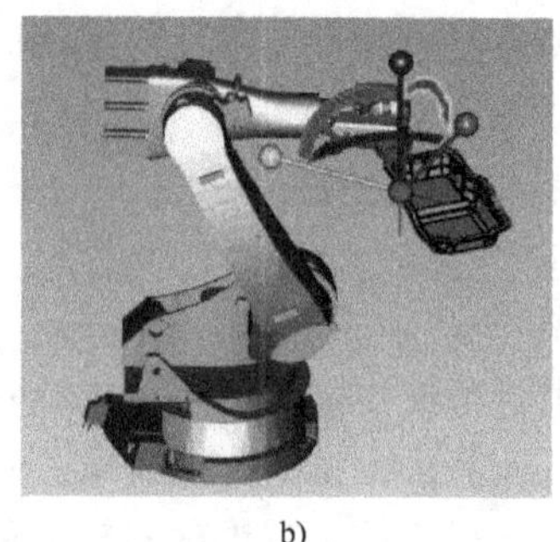

b)

图 6.37

标准平移和三维球平移界面

标准平移就是在“轨迹平移”对话框内，根据实际需要在轴对应的文本框内输入平移量数值，以实现轨迹平移的方法。标准平移方法简单、直观，可将轨迹平移至准确位置。三维球平移就是在待平移轨迹上使用三维球来平移整条轨迹的方法。激活三维球平移命令后，弹出的三维球会默认定位在第一个轨迹点上。与标准平移相比，三维球平移可实时观察轨迹点姿态和调整效果，更加直观。

例如，某型气缸零件的原轨迹与平移后的轨迹如图 6.38 所示。

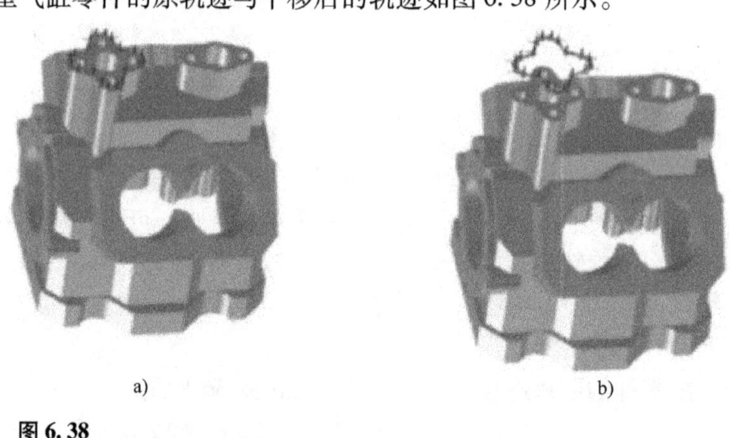

a) b)

图 6.38

轨迹平移效果对比图

3. 轨迹反向

轨迹反向就是把序号为 1 的轨迹始点变为终点，终点变为始点，中间轨迹点重新编号的方法和过程。运行轨迹反向指令可使机器人运动路径反向。

如图 6.39 所示，轨迹反向后的始点变为序号为 16 的终点，序号为 16 的终点将变为始点，始点和终点发生改变，中间轨迹点序号也相应发生了变化。

4. Z 轴固定

Z 轴固定可使轨迹上所有点的三维坐标轴与始点的三维坐标轴平行。Z 轴固定可减小工具

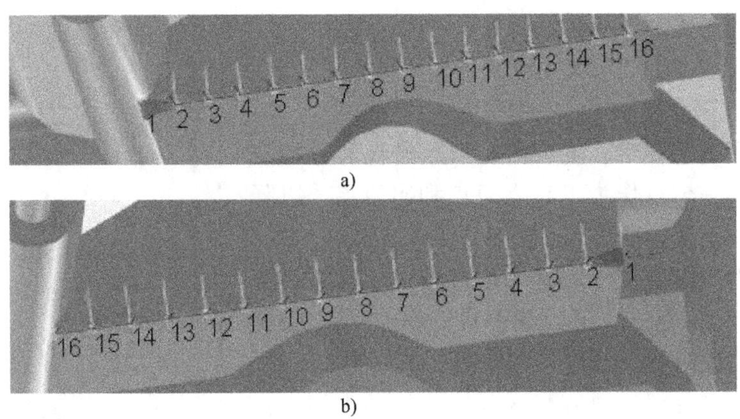

图 6.39

轨迹反向效果对比图

转动幅度，降低碰撞几率；同时，与轨迹优化类似，Z 轴固定也适用于轴超限轨迹点的调整。

以气缸去毛刺工艺为例，Z 轴固定前后各轨迹点姿态对比图如图 6.40 所示。

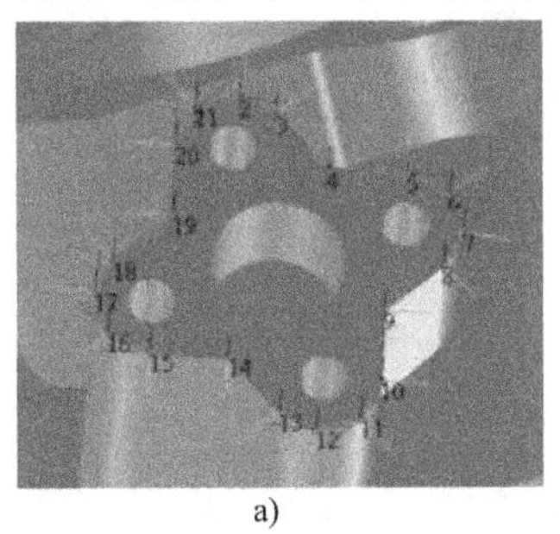

a)　　　b)

图 6.40

Z 轴固定效果对比图

5. X 轴反向

X 轴反向就是以 Z 轴为中心，将 X 轴和 Y 轴分别旋转 180°。

以气缸去毛刺工艺为例，X 轴反向前后各轨迹点姿态如图 6.41 所示。

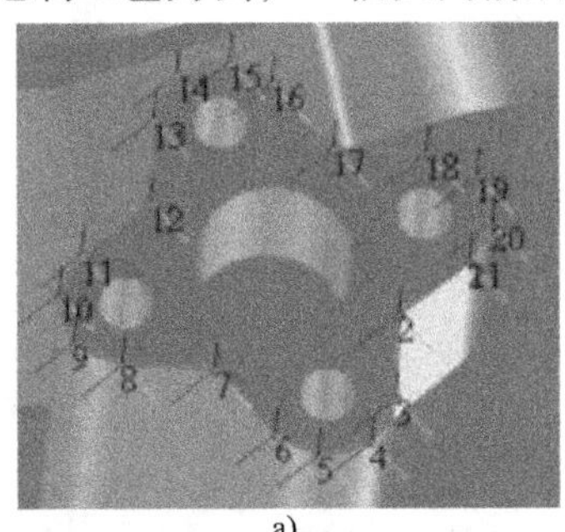

a)

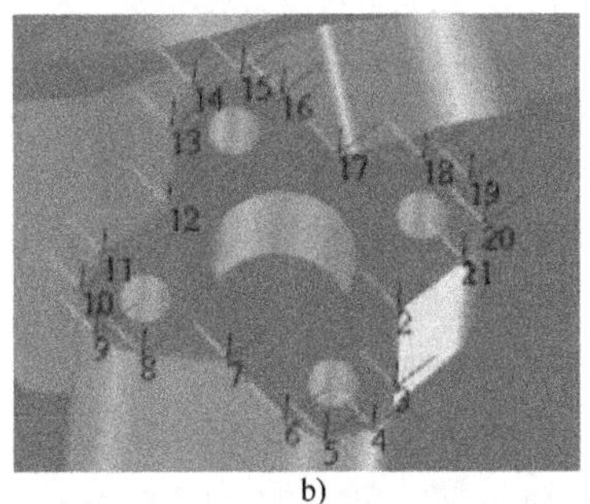

b)

图 6.41

X 轴反向效果对比图

6. 复制轨迹

复制轨迹就是对所选的轨迹进行复制，用于重复相同或相近的轨迹操作，可有效避免二次生成相同轨迹的繁琐，从而提高工作效率。复制轨迹对单条或多条有效，复制生成的轨迹与原轨迹在位置和姿态两方面完全一致。

7. 生成出入刀点

为符合实际工艺需求，生成出入刀点是在轨迹始点和终点分别生成一个点作为工具入刀点和出刀点，以降低机器人与工具发生碰撞的几率。

生成出入刀点指令位于轨迹右键菜单内，其对话框如图 6.42 所示。其中，“出刀偏移量”和“入刀偏移量”分别指距离轨迹始点和终点的距离，单位为 mm。

生成出入刀点分闭环轨迹与开环轨迹两种类型。在闭环轨迹上，出、入刀点重合为一点；在直线轨迹等开环轨迹上，出刀点和入刀点为不重合的两点，如图 6.43 所示。

8. 插入 POS 点

与生成出入刀点类似，轨迹右键菜单中的“插入 POS 点”指令将在工具 TCP 位置上插入一个点作为 POS 点，其对话框如图 6.44 所示。

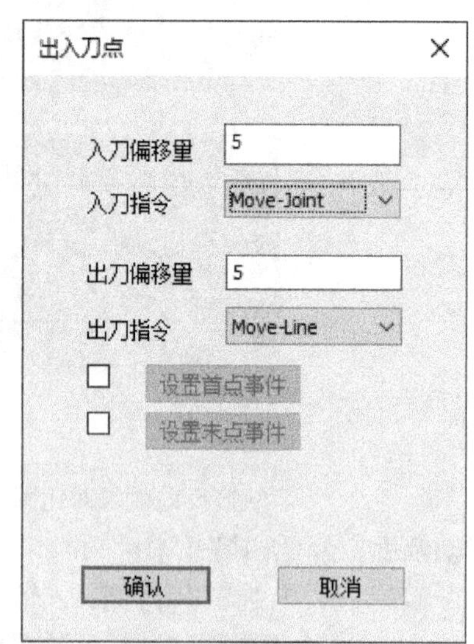

图 6.42

“出入刀点”对话框

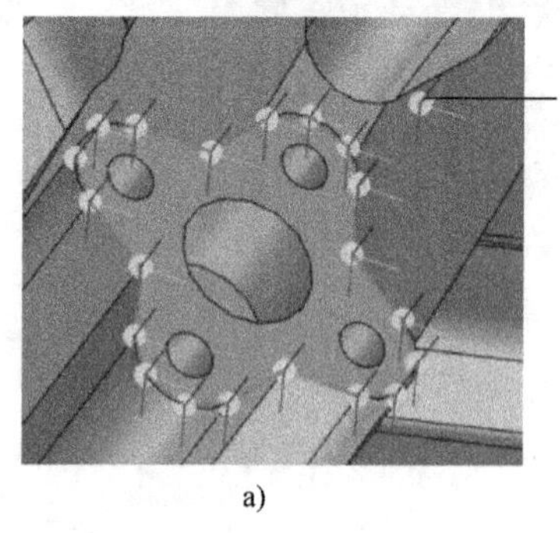

a)

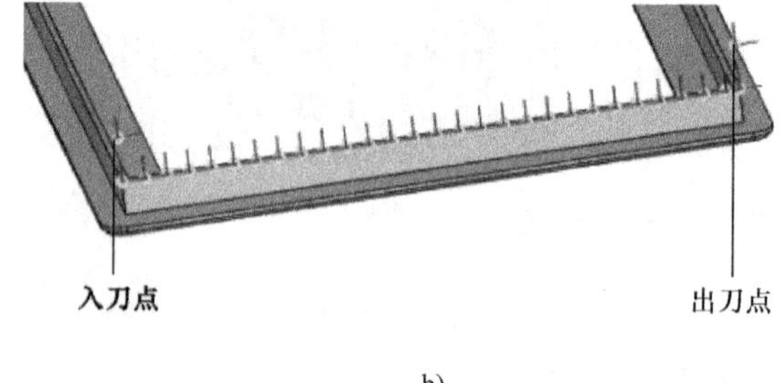

b)

图 6.43

闭环轨迹及开环轨迹生成出入刀点效果图

POS 点指令需在“Move－Line”（线性运动）和“Move－Joint”（关节运动）两种类型中选择，还可以勾选其位置。选择“轨迹首”时，只在轨迹始点前的位置生成入刀点；选择“轨迹尾”时，只在轨迹终点后的位置生成出刀点。

9. 合并至前一个轨迹

合并至前一个轨迹用于将后面的单条或多条轨迹合并至前一轨迹，而不影响仿真效果，现以图 6.45a 所示的某工艺生成的 9 条轨迹为例进行说明。

在“轨迹 9”上单击鼠标右键，在弹出菜单中选择“合并至前一个轨迹”选项。此时，“轨迹 8”下“轨迹历史”各属性项将变更为“基本方式生成轨迹”，如图 6.45b 所示。

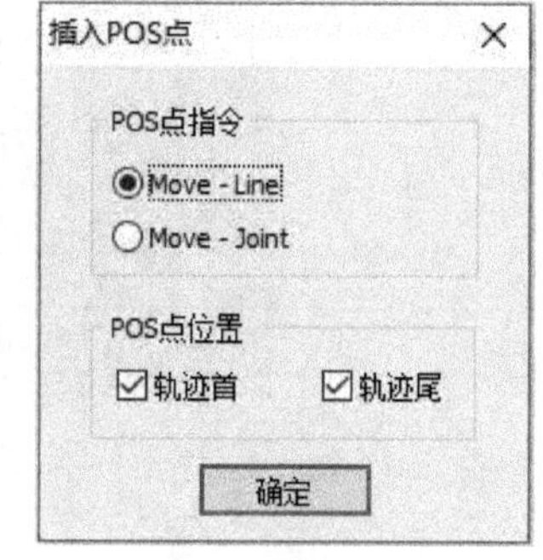

图 6.44

“插入 POS 点”对话框

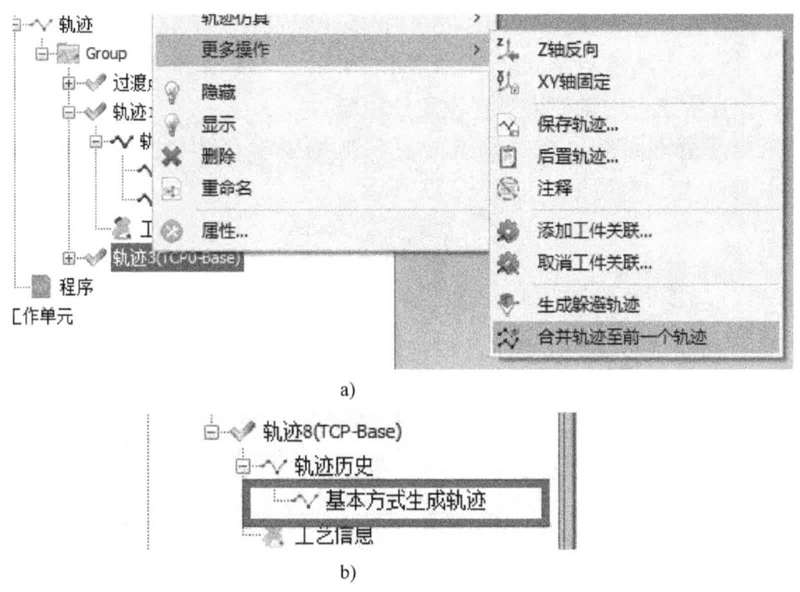

图 6.45

某工艺生成的 9 条轨迹及新属性项

与其他属性项不同，自动生成的“基本方式生成轨迹”是无法修改特征的。这是因为合并后的“轨迹 8”包含两条不同轨迹，两条轨迹各自包含不同属性，而两条不同的轨迹无法同时修改特征。

10. 删除、隐藏、显示和重命名

顾名思义，“删除”用于删除选中的轨迹；“隐藏”用于隐藏选中的轨迹。此时，机器人加工管理面板中的对应轨迹变成灰色，绘图区内的对应轨迹暂时隐藏。右键单击机器人加工管理面板中的轨迹，在弹出菜单中选择“显示”选项即可重新显示已隐藏的轨迹。“删除”“隐藏”“显示”可用于单条或多条轨迹。“重命名”用于更改当前所选单条轨迹的名称。

11. 创建分组

创建分组用于将工件上多条轨迹分成不同组别，以便于管理。在轨迹右键菜单内单击“创建和重命名分组”，分组功能即可对前端或后端的单条、多条轨迹以及中间的单条、多条轨迹进行分组，如图 6.46 所示。

不同的是，对中间的单条、多条轨迹进行分组后，所选轨迹之后的轨迹会自动被分到下一组，如轨迹 4 和轨迹 5 即被重新分配到“Group2”组。

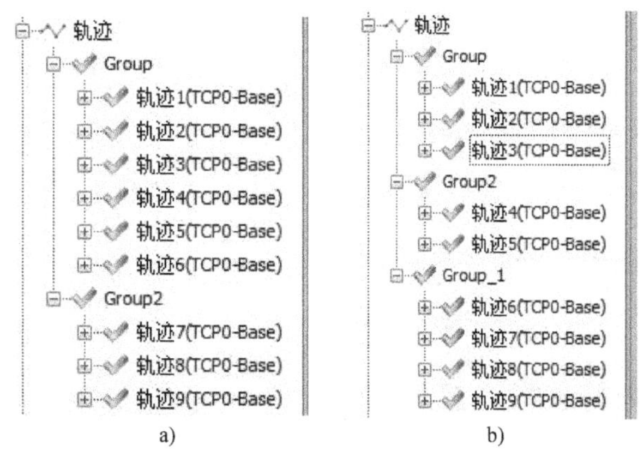

图 6.46

创建分组效果图

12. 按轴移动轨迹点

与其他指令不同，“按轴移动轨迹

点”指令可从“机器人加工管理面板”上“单条/多条轨迹”的右键菜单内调出，也可从“调试面板”上“单个/多个轨迹点”的右键菜单内调出。“按轴移动轨迹点”功能只适用于 Move－Absj 点，使点沿选定的轴方向平移设定的距离。

从“机器人加工管理面板”或“调试面板”上用鼠标右键单击选中的 Move－Absj 点，系统出现“按轴移动点”对话框，如图 6.47 所示。

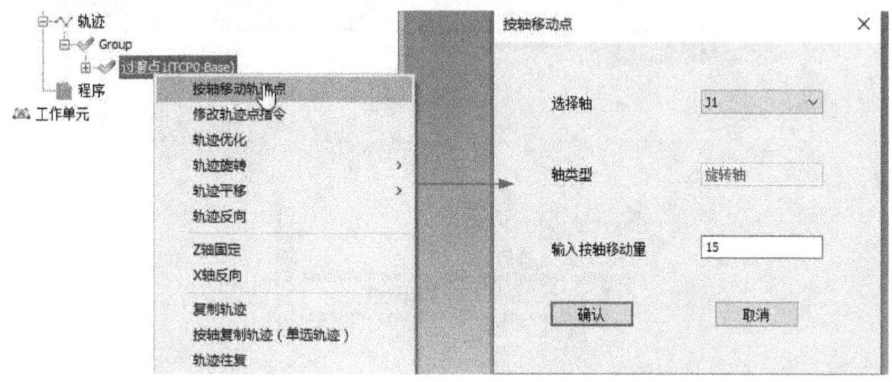

图 6.47

“按轴移动点”对话框

在“选择轴”下拉列表框中选择轨迹点移动的参考轴。若为旋转轴，则在“输入按轴移动量”文本框内输入对应的转动角度量，单位是（°）；若为平移轴，则在“输入按轴移动量”文本框内输入对应的平移距离量，单位是 mm。

13. 修改轨迹点

修改轨迹点指令用于修改单条或多条轨迹的 Move－Line 指令或 Move－Joint 指令，及线速度和圆弧过渡。此外，也可用于修改轨迹的始点、终点及起点和终点之间的任一中间点。“修改轨迹点指令”对话框如图 6.48 所示。

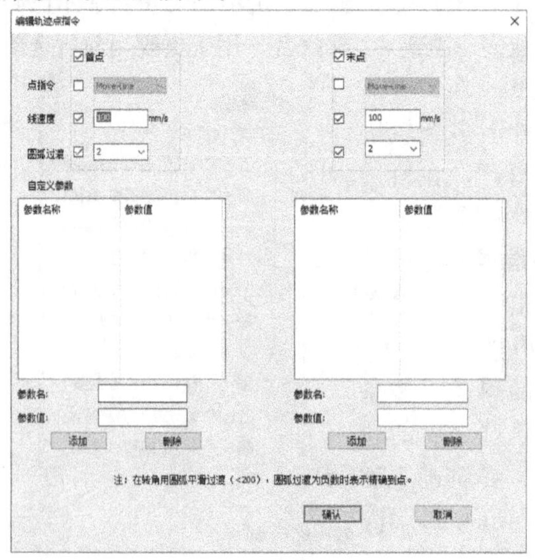

图 6.48

“修改轨迹点指令”对话框

14. 按轴复制轨迹

按轴复制轨迹是将运动机构的某个选定轴旋转或平移到目标位置，同时复制选中的轨迹点。平移轴按移动距离复制，旋转轴按旋转角度复制以简化轨迹设计。此处的轴指机器人的轴。

现以十轴机器人为例进行说明。如图 6. 49 所示，已生成两个 Move - Absj 点，加工时机器人需沿红色箭头方向运动。

在“机器人加工管理面板”中用鼠标右键单击生成的两个 Move - Absj 点，在弹出的菜单中选择“按轴复制轨迹（单选轨迹）”，其对话框如图 6. 50 所示。

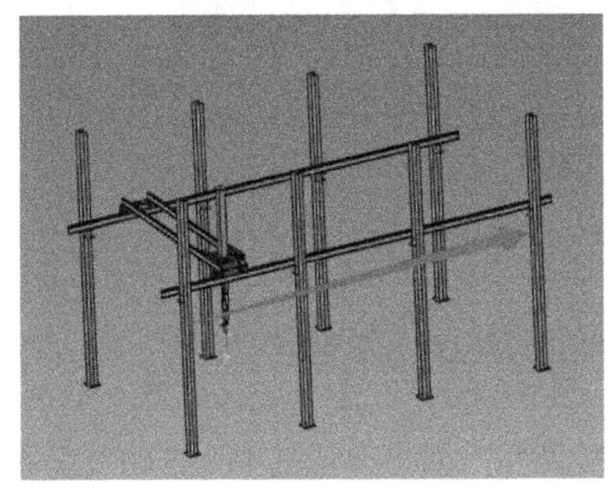

图 6. 49

十轴机器人

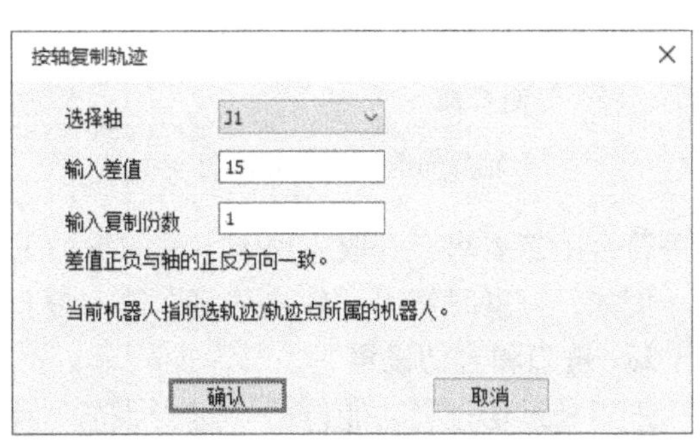

图 6. 50

按轴复制轨迹界面

在“选择轴”下拉列表框中选择复制轨迹时需移动的平移轴或旋转轴，此处为 J1。在“输入差值”文本框中，输入需复制轨迹点间的相隔距离或相差角度（°）可“输入复制份数”文本框中输入所选轨迹点的复制份数。单击“确定”按钮，按轴复制轨迹指令生成的十轴机器人复制轨迹点如图 6. 51 所示。

需要说明的是，按轴复制轨迹仅适用于轨迹点指令为 Move - AbsJoint 的点，此指令还可以从“调试面板”轨迹点列表中的任意轨迹点右键菜单内调用。

图 6. 51

生成的十轴机器人复制轨迹点

15. Z 轴反向

“Z 轴反向”位于轨迹右键菜单中“更多操作”→“Z 轴反向”子菜单内。Z 轴反向是指以 X 轴为旋转中心，将 Z 轴和 Y 轴分别旋转 180°以调整工具加工方向（Z 轴）。

以某气缸为例，Z 轴反向前后效果对比图如图 6. 52 所示。

16. XY 轴固定

XY 轴固定位于轨迹右键菜单中“更多操作”→“XY 轴固定”子菜单内。XY 轴固定是指 XY 平面固定，Z 轴指向不变但可以旋转，功能上相当于绕 Z 轴的轨迹旋转。

17. 轨迹往复

轨迹往复是指机器人沿原轨迹运行完后，再反方向沿该条轨迹运行，如此往复，直至精

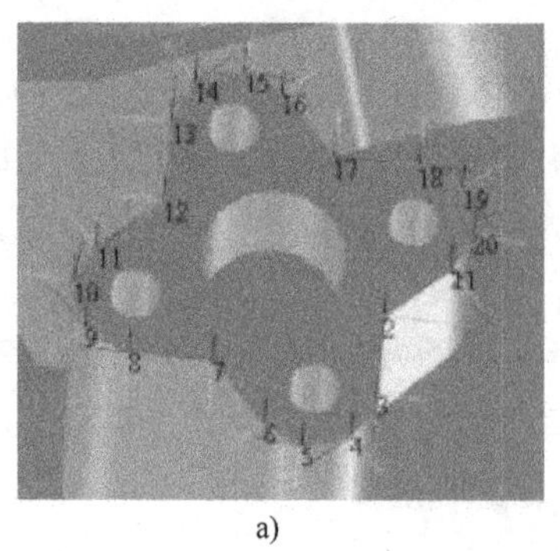

a)

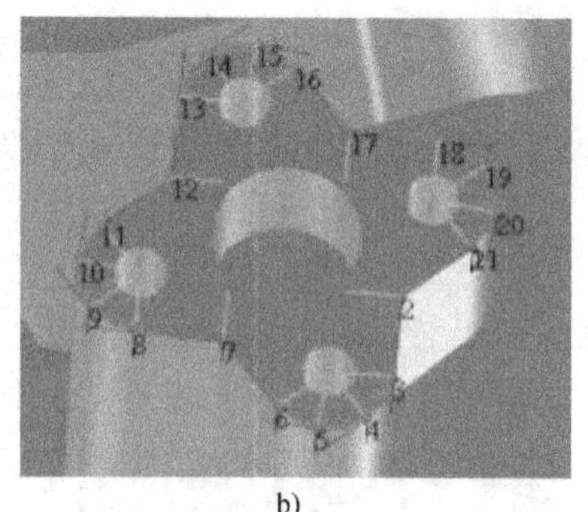

b)

图 6.52

Z 轴反向前后效果对比图

度等符合工艺要求。一般应用于零件的精加工工艺。

例如，打磨时使用“轨迹往复”来反复打磨某个面，打孔时反复打孔。

18. 进刀和过切设置

进刀和过切设置功能包括“进刀设置”和“过切设置”两部分。其中，“进刀设置”用于生成到达原轨迹前的进刀轨迹路径，包含“进刀量”和“步长”两个设置量。“进刀量”用于设置进刀轨迹起始点至原轨迹需要进刀的量，单位为 mm。“步长”用于设置进刀间隔量，单位为 mm。“过切设置”用于生成超越原轨迹的过切轨迹路径，包含“过切量”和“步长”两个设置量。“过切量”用来设置原轨迹到达过切轨迹最底层时产生过切的总量，单位为 mm。“步长”用于设置过切轨迹间的过切间隔量，单位为 mm。进刀量步长和过切量步长可设置为不同数值，也可设置为同一数值。

根据“进刀量”和“步长”的设置，进刀和过切可在目标轨迹点前生成一系列与“进刀量”和“步长”相关的组点，组点数量 = 进刀量/步长。一般情况下，进刀点和过切点分别为目标轨迹点沿 Z 轴正向和负向移动“步长”距离得到的新轨迹点，新增加轨迹点依次存储并显示在新的点分组中。

下面以气缸去毛刺为例说明进刀和过切的设置。如图 6. 53a 所示，在“进刀量”“过切量”“步长”均设置为 10mm 时，其效果如图 6. 53b 所示。

19. 批量修改轨迹速度

在实际使用中，机器人抓取、加工及空走时的速度一般不同。此时，可使用“批量修改轨迹速度”指令单独设置每条轨迹上的速度及各中间轨迹点的速度。其对话框如图 6. 54 所示。

在此对话框中，可单独或同时修改某条轨迹上首点、末点及中间点的速度值，也可修改所有轨迹的轨迹速度、某个分组的所有轨迹速度及当前轨迹速度，操作方法具体如下。

1）选中此轨迹组所有轨迹，然后右键属性，选择归集速度设置即可修改所有速度。

2）修改“group”下的所有轨迹速度：单选或多选轨迹组，在右键菜单中选择“批量修改轨迹速度”选项。

3）修改当前轨迹速度：选中当前轨迹右键属性然后选择修改轨迹速度即可修改当前轨迹速度。

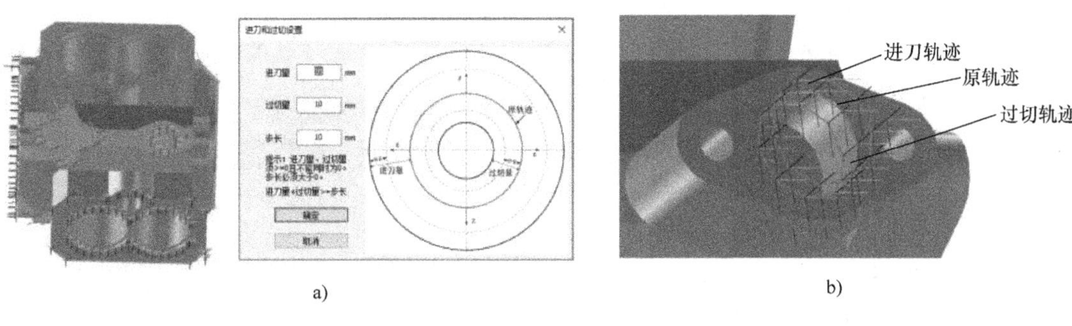

图 6.53

进刀和过切设置示例及效果图

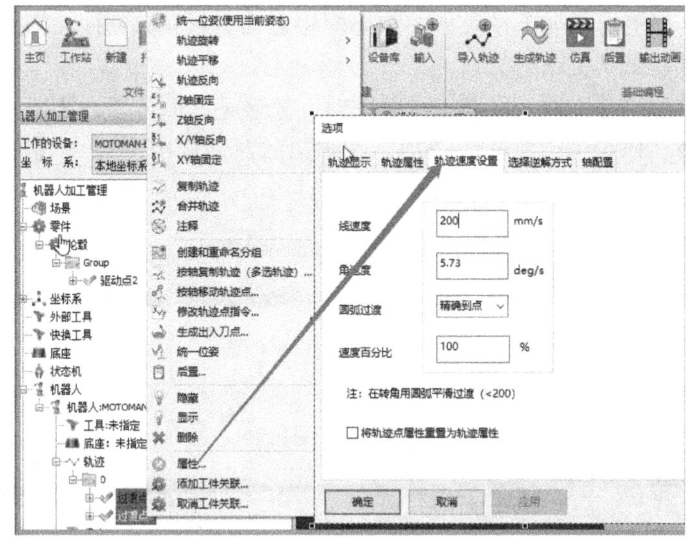

图 6.54

“批量修改轨迹速度”对话框

20. 保存轨迹

将选中的单条轨迹保存至选定的工程文件中，也可使用“基础编程”中的“导入轨迹”按钮，将已保存轨迹导入场景，如图 6.3 所示。需注意的是，不可使用“打开”按钮 导入已保存轨迹。

21. 后置轨迹

后置轨迹就是将单条或多条轨迹单独生成后置代码，以便于根据实际需求后置目标轨迹。此功能位于轨迹右键菜单“更多操作”→“后置轨迹”中。

22. 注释轨迹

注释轨迹就是将暂时要保留、不参与仿真及不参与运算的轨迹进行注释，注释的轨迹不参与后置、仿真和真机运行。此功能位于轨迹右键菜单“更多操作”→“注释轨迹”中。

被注释的轨迹变为灰色。利用被注释的轨迹的右键菜单，可取消注释以恢复其仿真、后置效用等，如图 6.55 所示。

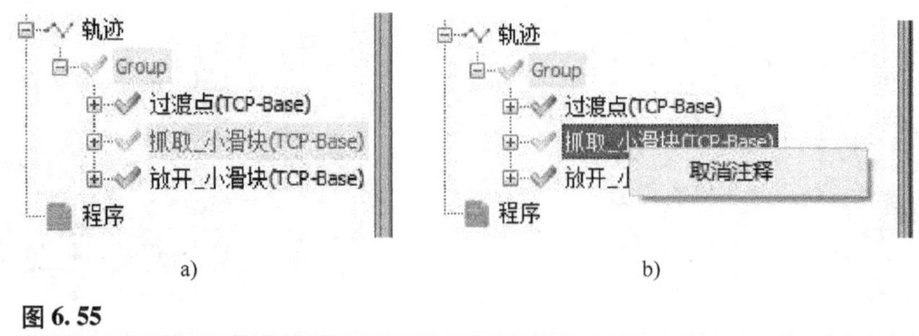

a) b)

图 6.55

注释轨迹及取消注释效果图

23. 取消和添加工件关联

关联指的是轨迹和工件在位置和几何方面的关联关系。通俗地说，就是轨迹位置会随着工件移动，并且，轨迹可根据工件尺寸的大小变化自动更新其数据而无需编辑操作。一般情况下，轨迹和工件是默认关联的。

例如，用三维球移动工件而取消工件关联时，轨迹还在原位置而不随着工件移动。在轨迹右键菜单中选择“添加工件关联”选项，在弹出的对话框中选择“气缸”。单击“确定”按钮，轨迹和工件又会重新关联，如图 6. 56 所示。

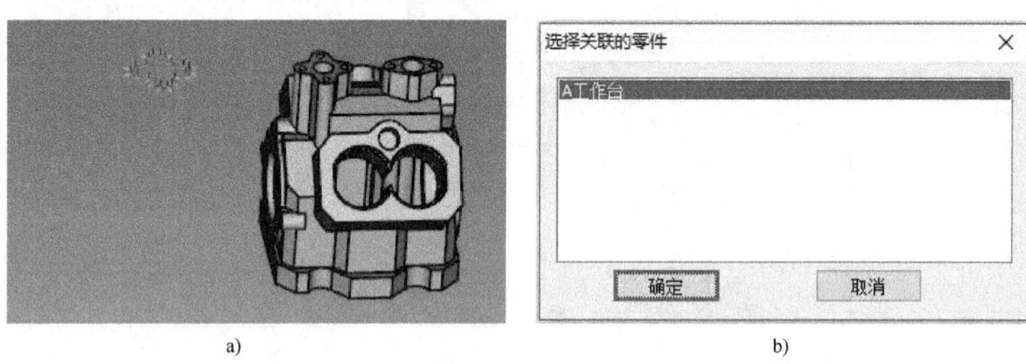

a) b)

图 6.56

取消和添加工件关联效果图

需要注意外部导入而非 PQArt 生成轨迹的特殊情况。此时，轨迹和工件是不关联的，可选择“添加工件关联”功能手工建立轨迹和工件的关联。

6.5 轨迹点属性与操作

轨迹点属性用于对轨迹上单个轨迹点进行操作，常用命令有编辑点、编辑多个点、删除点、删除此点前（后）所有点、统一位姿、从此点开始仿真、添加仿真事件、删除仿真事件、按轴移动轨迹点、按轴复制轨迹（单选轨迹点）、设置为起始点、在此点前插入 POS 点、单机构运动到点、多机构运动到点、观察、定义偏移量变量、分割轨迹及轨迹点属性等。若无特殊说明，轨迹点属性指令位于“调试面板”轨迹点右键菜单内。

1. 编辑点

编辑点是根据轨迹点绝对位置或相对位置来修改轨迹位置。

编辑点有绝对位置和相对位置两种操作方式。所谓绝对位置操作方式，是指轨迹点在世界或惯性坐标系中的位置已经固定，即使移动整条轨迹，此轨迹点依然固定不动；编辑点之后，轨迹和轨迹点相对位置发生变化。而相对位置操作方式是指，轨迹点相对整条轨迹位置固定不变，轨迹移动时该点也随之移动；编辑点之后，轨迹和轨迹点绝对位置发生变化。

以某型气缸零件上两条轨迹为例，如图 6. 57a 所示。两条轨迹平移相同距离后，效果如图 6. 57b 所示。右键单击轨迹 1 上的点 1，在菜单中选择“编辑点（绝对位置）”选项，利用三维球将点 1 沿 Z 轴平移 20mm。右键单击轨迹 2 上的点 1，选择“编辑点（相对位置）”选项，同样将点 1 沿 Z 轴平移 20mm。效果如图 6. 57c 所示。再使用三维球将两条轨迹分别平移相同距离，如图 6. 57d 所示。可以发现，轨迹 1 上的点 1 随着轨迹 1 平移，但轨迹 2 上的点 1 则固定不动，这主要是绝对位置和相对位置编辑点操作方法不同造成的。

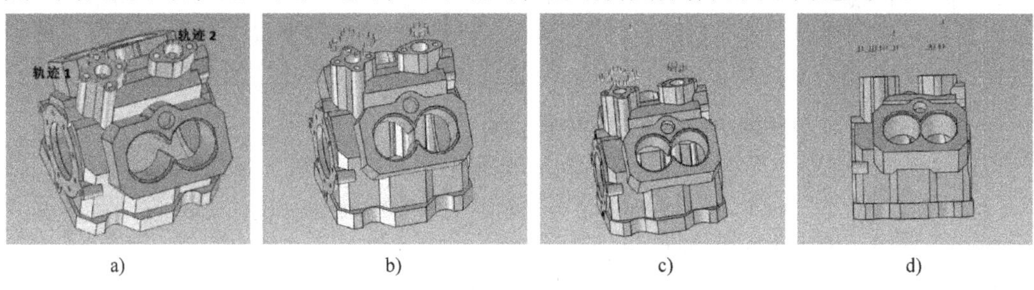

a)　b)　c)　d)

图 6. 57

编辑点效果图

需要注意和说明的是，需先进行“点编辑”设置，再平移轨迹，这样才能区分出绝对或相对位置方式。否则，PQArt 会采用默认的相对位置方式和效果。

2. 编辑多个点

与编辑点仅能编辑一个轨迹点不同，编辑多个点可同时编辑多个点的位置和姿态，其如图 6. 58 所示。

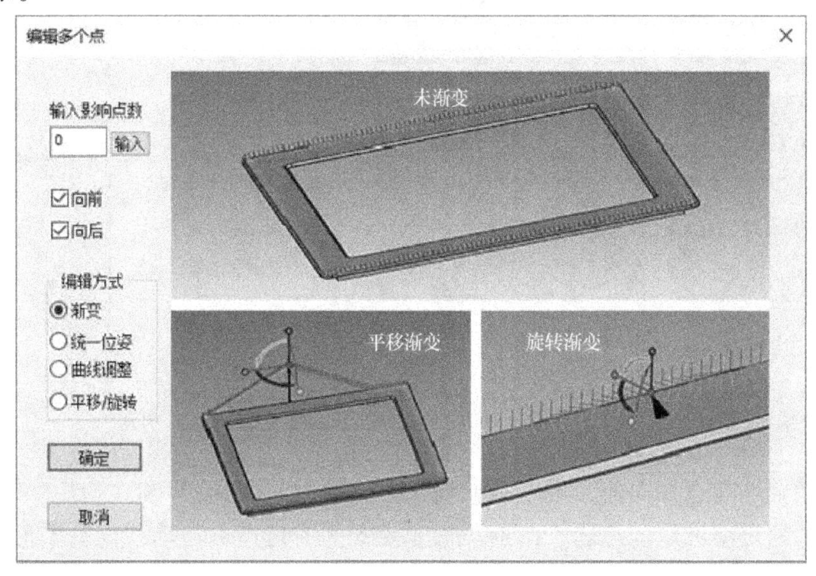

图 6. 58

“编辑多个点”对话框

“编辑多个点”的功能强大，设置相对复杂。其中，“输入影响点数”文本框用于输入某轨迹上待编辑点前、后受影响轨迹点的数量，单击“输入”按钮后确认。勾选“向前”和（或）“向后”复选框，表示该功能会影响待编辑点之前和（或）之后的轨迹点，数量由“输入影响点数”文本框确定。“编辑方式”区域包含“渐变”“统一位姿”“曲线调整”“平移/旋转”四个单选框。“渐变”表示以待编辑点为基准，其前和（或）后轨迹点的平移距离或旋转角度以等差数列形式逐渐变小；“统一位姿”表示其余轨迹点的姿态与待编辑点的姿态相同，即与待编辑点的 X、Y 、Z 三轴方向平行；“曲线调整”表示通过调整模拟曲线形状来调节待编辑点及其前和（或）后指定个数轨迹点间的平滑过渡状态，以实现对轨迹多点的同时编辑；“平移/旋转”表示前和（或）后的轨迹点与待编辑点平移相同距离或旋转相同角度。

以气缸去毛刺为例，其原始轨迹如图 6. 59a 所示。待编辑点为点 7，前和（或）后受影响点均设为其后 10 个轨迹点，使轨迹点 7 的 Z 轴旋转 90°。“渐变”“统一位姿”“平移/旋转”三种方式效果分别如图 6. 59b ~ d 所示。

由此可见，“渐变”使轨迹点 7 至点 17 分别旋转 90°角；“统一位姿”使轨迹点 8 至点 17 的 X、Y、Z 三轴方向均与点 7 平行；“平移/旋转”使轨迹点 8 至点 17 的旋转角度均为 90°，与轨迹点 7 相同。对比效果明显。

“渐变”“统一位姿”“平移/旋转”三种轨迹曲线调整方式均可使用三维球工具实现。以油盘涂胶为例，单击“曲线调整”按钮，系统弹出“曲线调整”界面，如图 6. 60 所示，水平轴及竖直轴刻度为平移距离和（或）旋转角度比例。

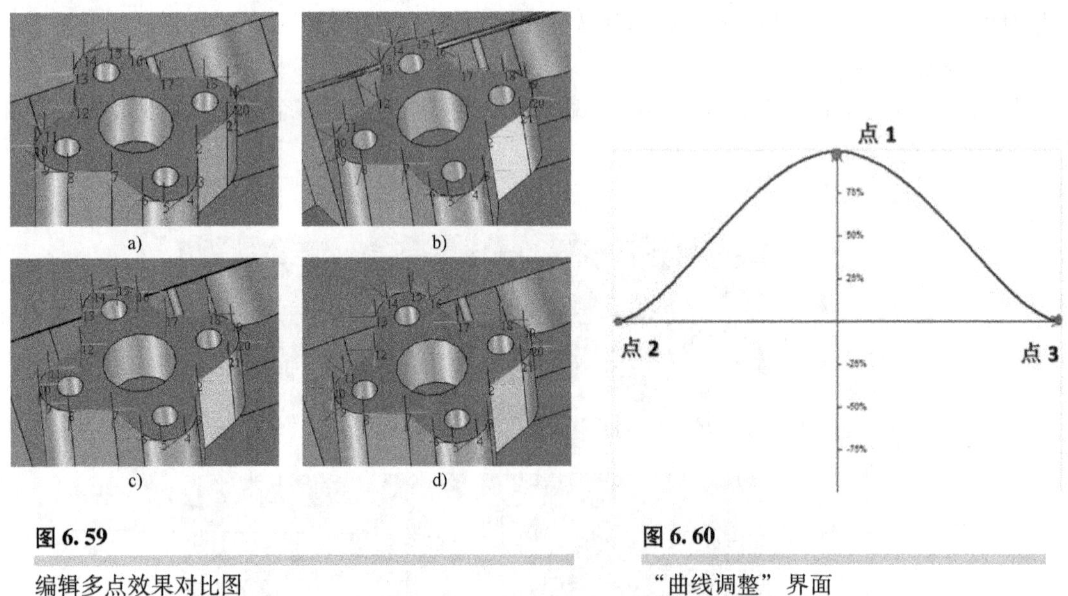

图 6. 59
编辑多点效果对比图

图 6. 60
“曲线调整”界面

所选编辑点与勾选“向前”和（或）“向后”有关。“向前”和“向后”均不勾选时，顶端点 1 即为所选编辑点；勾选“向前”时，点 3 为所选点；勾选“向后”时，点 2 为所选点。

为完成多点编辑，还需要设置若干用于调整控制曲线形状的“调控点”。单击曲线，曲线上会出现三段以蓝色和绿色显示的平直线段，其两端端点即为“调控点”，可利用其来拖动曲线以改变曲线形状。拖动的原则是：蓝线全部位于界面空白区，即机器人最优工作区。为增强调控效果、扩大调整范围、提高灵活度和精度，还可以右键单击该曲线，使用“增加点”“删除点”指令来增加或删除调控点，增加调控点界面如图 6. 61所示。

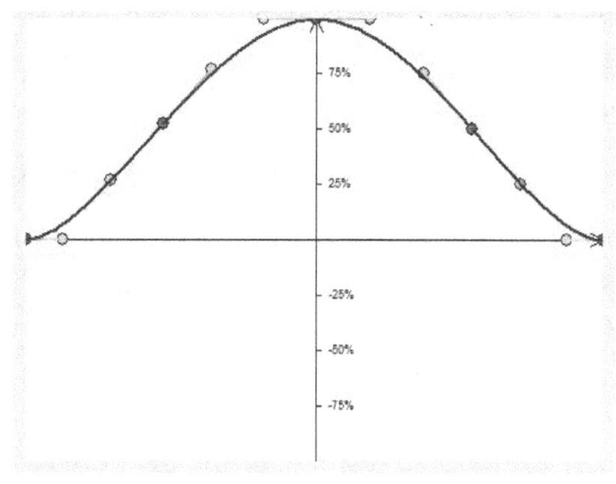

图 6. 61

增加调控点界面

曲线调整多用于平移和旋转两种场景。其中，平移用于曲线模拟的是轨迹点两侧点组成平滑过渡形状的场景，如图 6. 62 所示，其中的黑色箭头仅在平移场景出现，用来提示轨迹点平移方向。旋转则用于曲线模拟的是所选轨迹点及两侧各点空间位姿的场景。

为了使系统稳定、可靠工作，曲线调整需注意两个事项：①在“编辑多个点”对话框内，必须设置向前和（或）向后“影响的点数”；②在待调整点上，必须先用三维球工具在要调整方向上拖动特定距离，以预留调控距离。

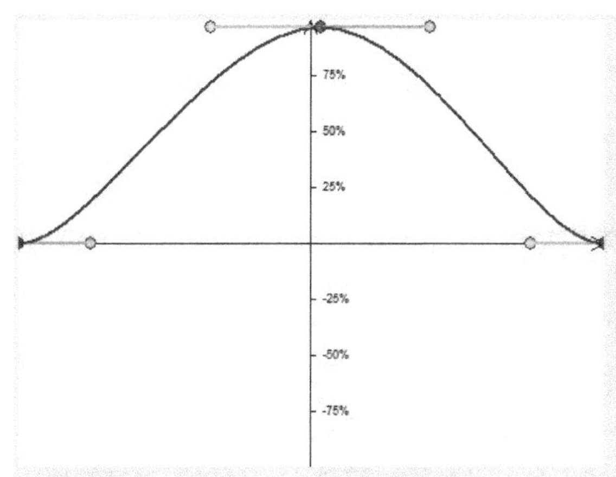

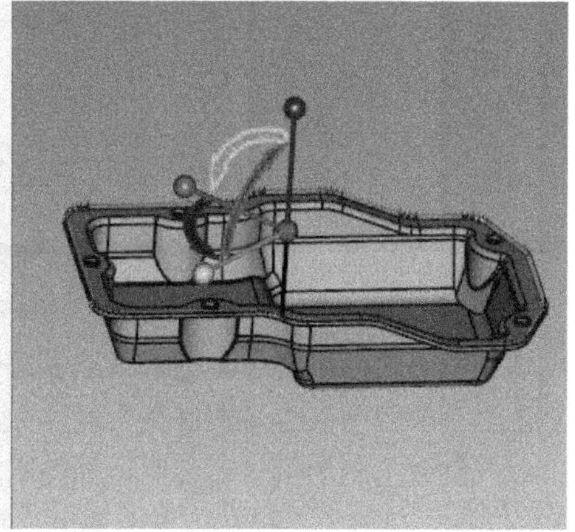

图 6. 62

曲线调整平移场景及效果图

3. 删除点

删除点用于在轨迹上删除选中的单个或多个点。

4. 删除此点前（后）所有点

批量删除轨迹点时，经常还需要删除某点前和（或）后的所有点。此指令可批量删除点前和（或）后的所有点，以减少“机器人加工管理面板”树形图上的特征数量及简化删除操作，也能在“机器人加工管理面板”中修改或删除特征。

执行后，PQArt 会将其特征节点悬挂显示在“机器人加工管理面板”轨迹历史树下。如图 6. 63a 所示，右键单击“删除序号 3 前所有点”后，可以进行“修改特征”“删除特征”

“删除后续特征”等后续操作，如图6.63b所示。其中，“修改特征”用于再次批量删除剩余轨迹点；“删除特征”用于删除多个轨迹点；“删除后续特征”用于删除本操作及其后的所有操作，删除后，轨迹历史树下相应特征将会被删除。

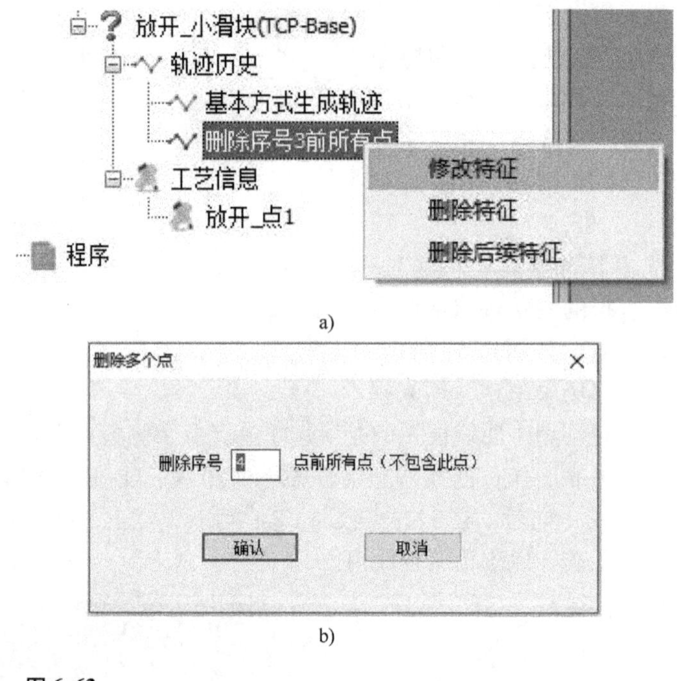

图6.63

删除此点前（后）所有点界面

需要注意的是，删除此点前（后）所有点指令仅适用于具有不小于两个轨迹点的轨迹。

5. 统一位姿

调整所有轨迹点姿态与待编辑点姿态相同，可用于调整轴超限点、优化轨迹姿态，以及减小工具工作幅度以尽可能避免与机器人发生碰撞。

以气缸去毛刺为例进行说明，如图6.64a所示，右键单击轨迹点1，在右键菜单中选择“统一位姿”选项，系统在该点上弹出三维球工具，可利用三维球工具对位姿进行微调。调整轨迹点1时，其他轨迹点位姿也随之发生变化，如图6.64b所示。

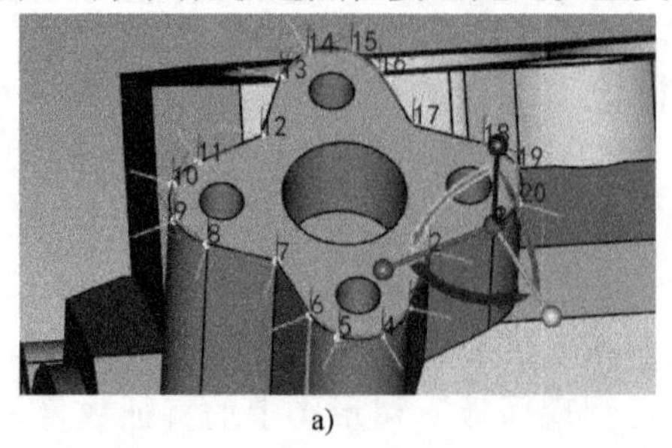

a)

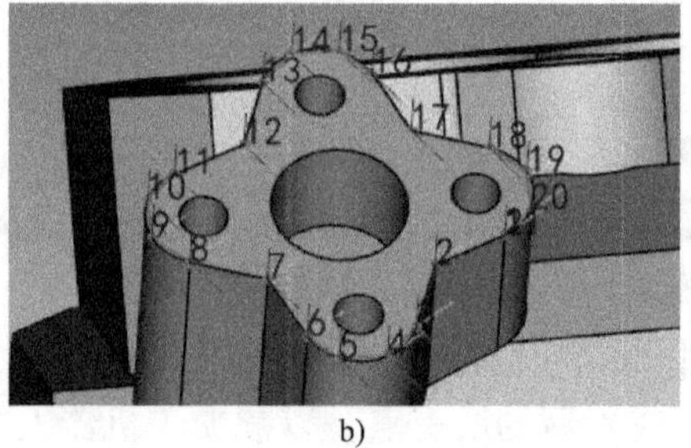

b)

图6.64

统一位姿效果图

需要说明的是，此功能一般用于平面轨迹。若用于空间曲线轨迹，则调整其余轨迹点姿态与所选轨迹点一致将导致加工方向不在加工面法向上，也就是 Z 轴不垂直于加工面，从而影响机器人的受力情况和稳定性。

6. 从此点开始仿真

对所选及其后所有的轨迹点进行仿真。此功能会在“仿真管理面板”中模拟机器人运动的路径和状态，对所选轨迹点之前的轨迹点无效。若需仿真整条轨迹，可选择从第一个轨迹点开始仿真。

7. 添加仿真事件

添加仿真事件是轨迹点的重要功能。添加仿真事件一般是对轨迹点添加新的操作指令，以满足实际加工中的工艺要求。PQArt 支持的可添加事件包括抓取、放开、停止、发送、等待、等候时间事件及自定义事件等，其对话框如图 6. 65 所示。

此对话框相对简单，“名字”文本框显示添加的仿真事件名称，名称可任意设置；“执行设备”下拉列表框为场景内的加工机器人；“类型”下拉列表框为 PQArt 支持的七类事件。

1）“抓取事件”就是一个机器人对象抓取工件等目标对象的事件，抓取点不固定也不唯一，需要在如图 6. 65 所示对话框中确定执行设备和关联设备。

2）“放开事件”与抓取事件相反，是一个机器人对象放开工件等目标对象的事件，放开点不固定也不唯一，需要在如图 6. 65 所示对话框中确定执行设备和关联设备。

3）“发送事件”与“等待事件”类似于两个设备进行通信，一个设备作为发送方，另一个设备作为接收方。发送方对应“发送事件”，接收方对应“等待事件”。在接收方接收到发送方“发送事件”触发后，发送的信号立即被执行，无需等待。在功能上，“发送事件”与“等待事件”与硬件控制器的中断响应函数 ISR 类似，是系统的一种实时响应机制，其界面如图 6. 66 所示。

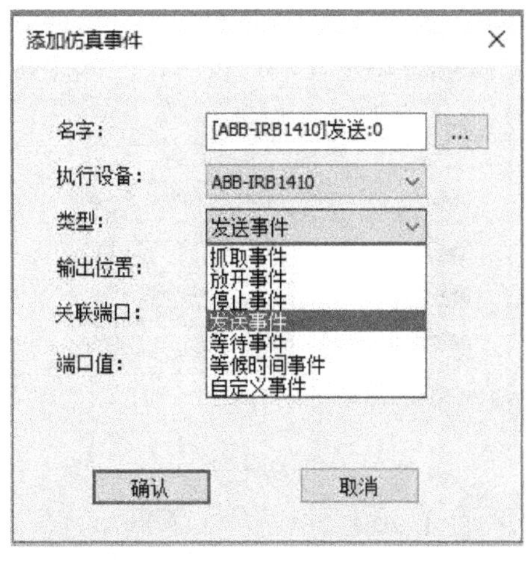

图 6. 65

“添加仿真事件”对话框

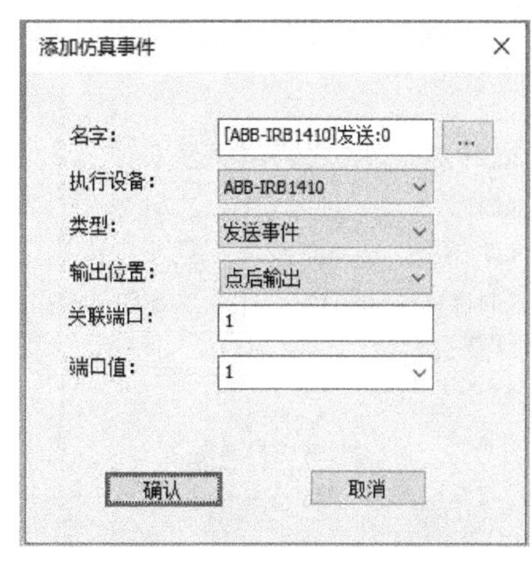

图 6. 66

“发送事件”与“等待事件”界面示例

对于发送设备，“类型”需选择为“发送事件”。对于接收设备，“类型”必须选择

“等待事件”，以满足通信需要。

“关联端口”为设备与外界设备通信的硬件接口，相当于工业上的 COM 串口，以实现仿真事件发送指令至执行设备的信号传输；“端口值”为每个通信端口区别于其他端口的特殊符号或标记。

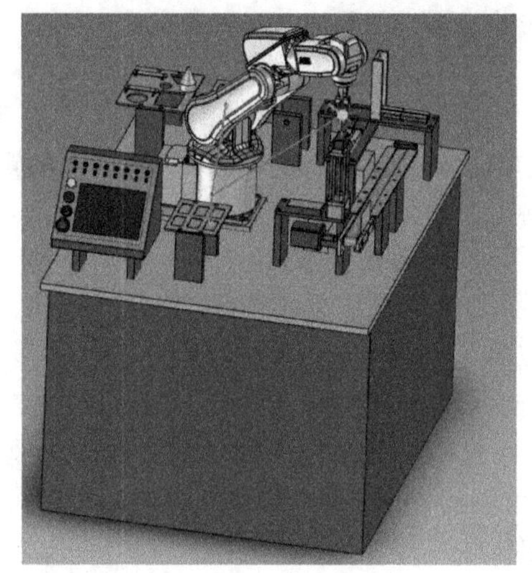

图 6.67

发送事件和等待事件场景

发送事件和等待事件在工程实际中有广泛应用，以上下料场景为例，如图 6.67 所示，要求机器人抓取小滑块至当前目标位置后放开，小滑块再自动下落至工作台底部。发送事件和等待事件添加及触发过程如下。

添加发送事件和等待事件。为机器人放开轨迹上的放开点添加“发送事件”，在小滑块驱动点上添加“等待事件”。机器人放开小滑块瞬间触发“发送事件”，小滑块接收发送信号后结束等待并触发“等待事件”，滑落到工作台底部。

设置并匹配发送和等待事件。选中并右键单击机器人最末一个放开点，添加“发送事件”，如图 6.66 所示。选中并右键单击小滑块“驱动点 1”，在右键菜单中选择“添加仿真事件”，在“添加仿真事件”对话框“类型”下拉列表框中选择“等待事件”选项，再在“等待的事”下拉列表框中选择“发送：0”选项，如图 6.68 所示，单击“确认”按钮。即完成“发送事件”及“等待事件”的设置及匹配。

4）“自定义事件”是根据工艺需要输入事件内容，即机器人的可执行语句，使其执行多个动作指令。在功能上，自定义事件相当于单一指令的综合，也可生成后置代码并实现真机操作，其界面如图 6.69 所示。

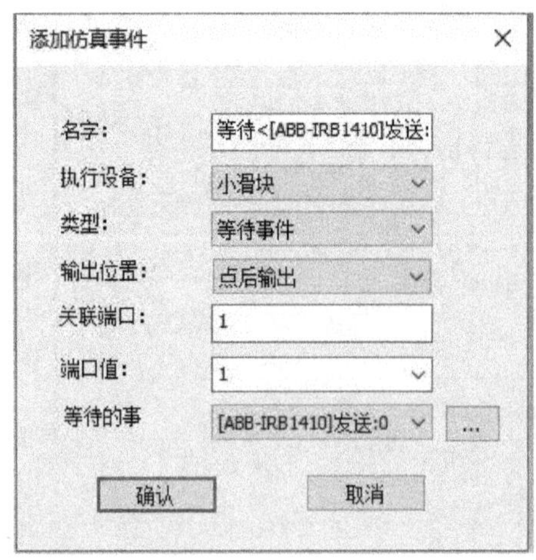

图 6.68

“等待事件”界面示例

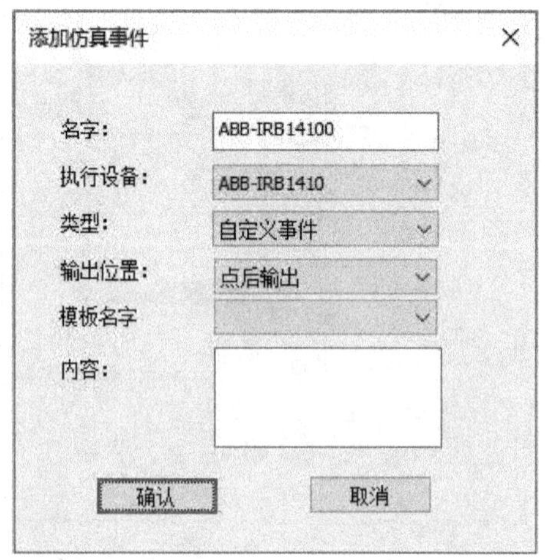

图 6.69

“自定义事件”界面示例

与其他事件不同的是，在添加自定义事件之前，需要先利用“高级编程”栏的“工艺设置”功能添加自定义事件模板，界面如图 6.70 所示。

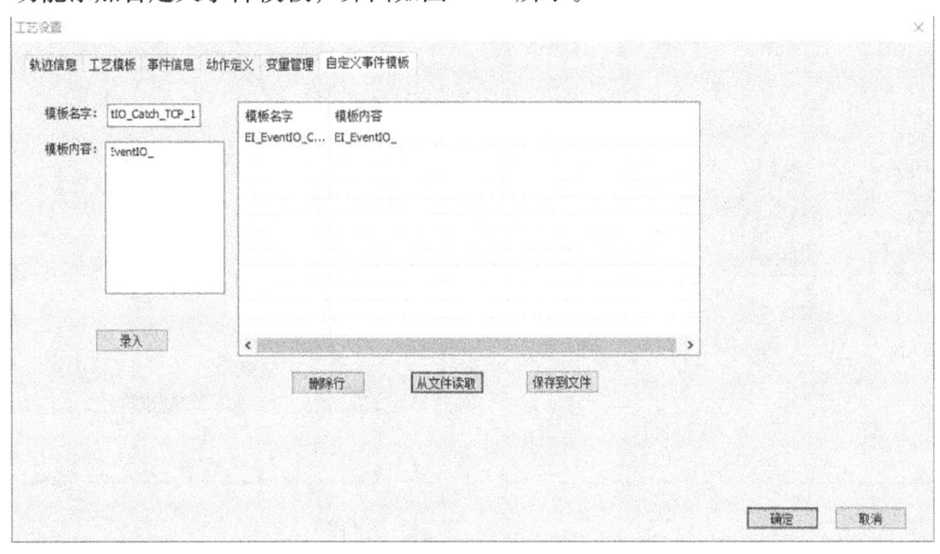

图 6.70

添加自定义事件模板界面

自定义事件模板设置较为复杂。单击“录入”按钮，将设置的模板名字和内容录入并显示在右侧表格中；单击选中表格某行对应的模板，使其变为蓝色，处于可操作状态后单击“删除行”按钮，删除该行和对应的模板。单击“从文件读取”按钮，从 robdef 格式文件中读入自定义模板信息；单击“保存到文件”按钮，将当前自定义模板信息保存至 robdef 格式文件中，以便于日后读取和使用。

添加自定义模板后，在轨迹上单击右键并在菜单中选择“添加仿真事件”选项，可打开如图 6.69 所示“添加仿真事件”对话框，在“模板名字”下拉列表框中选择已添加的自定义事件，其内容会自动加载显示在“内容”文本框中。“输出位置”下拉列表框用于选择已添加自定义事件的输出位置，即设置在所选轨迹点前还是点后执行该事件。若在轨迹点前执行该事件，需选择“点前输出”选项；否则，选择“点后输出”选项。

5）“等候时间事件”就是使指定对象在指定轨迹点前停留指定的时间，类似于软件设计中的延时概念。

下面以机器人上下料场景为例说明如何设置等候时间事件。在传送带滚动起来后，小滑块要等待 3s 才能运动到传送带上，如图 6.71 所示。

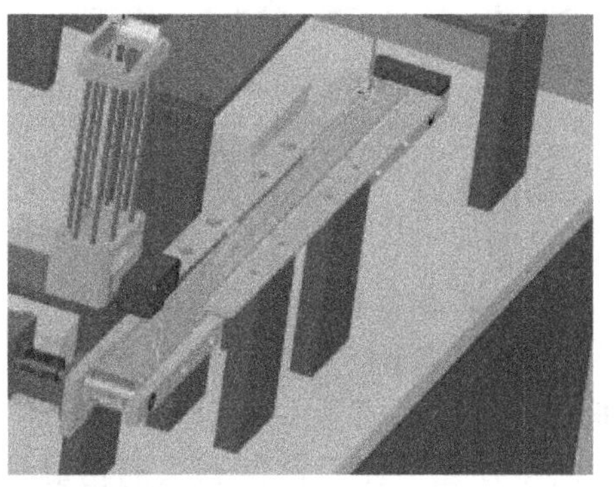

图 6.71

自定义事件工作场景

在轨迹上单击右键，并在菜单中选择“添加仿真事件”选项，系统弹出如图 6.72 所示界面。在“名字”文本框中输入事件名称，“执行设备”选择“小滑块”，“类型”选择“等候时间事件”，“时间”文本框中输入“3”，单击“确认”按钮即完成等候时间事件设置。

此时，在驱动点3“工艺信息”下相应增加“停留3秒_点1”信息，如图6.73所示。

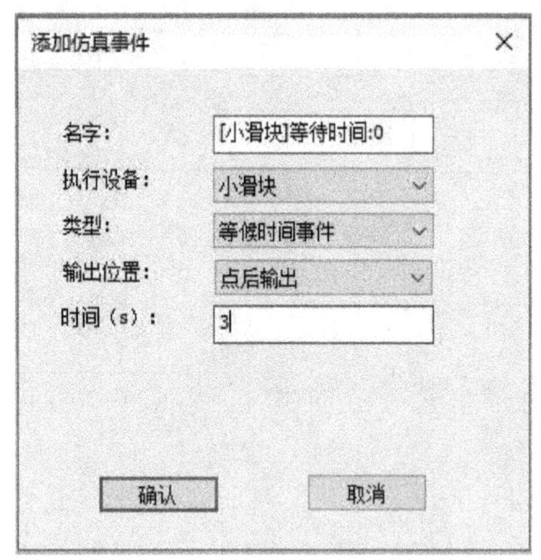

图6.72

等候时间事件界面示例

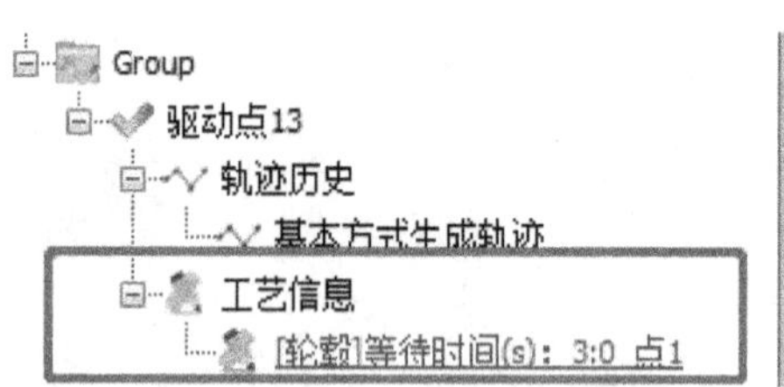

图6.73

等候时间事件特征图

6）“停止事件”就是使目标对象在指定点停止运动，表示运动停止，其设置较为简单。以如图6.71所示机器人上下料场景中小滑块停止为例进行说明，其界面如图6.74所示。

在“名字”文本框输入“［小滑块］停止：0”，“执行设备”选择“小滑块”，“类型”选择“停止事件”，“输出位置”选择“点后输出”，单击“确认”按钮即完成小滑块停止事件设置。

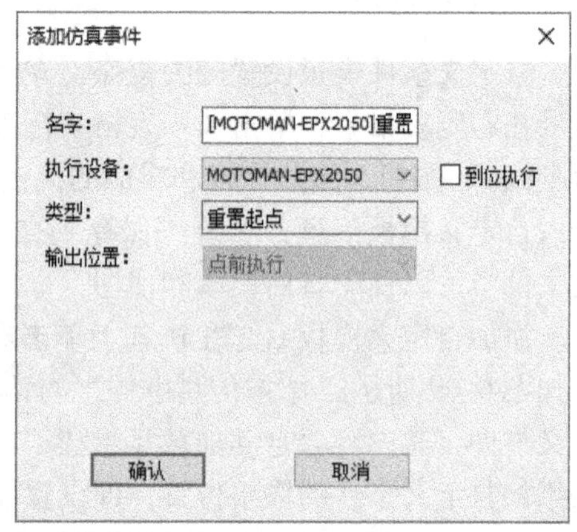

图6.74

“停止事件”界面示例

在“添加仿真事件”对话框中单击“确认”按钮，添加的仿真事件会显示在“机器人加工管理面板”重置起点中。如图6.75所示。右键单击事件名称，则可编辑或删除此仿真事件。

需要注意的是，即使是相同对象、相同模型，在不同轨迹中的关联端口也是不同的。若是两个不同模型，其关联端口可以相同，端口值默认为1。

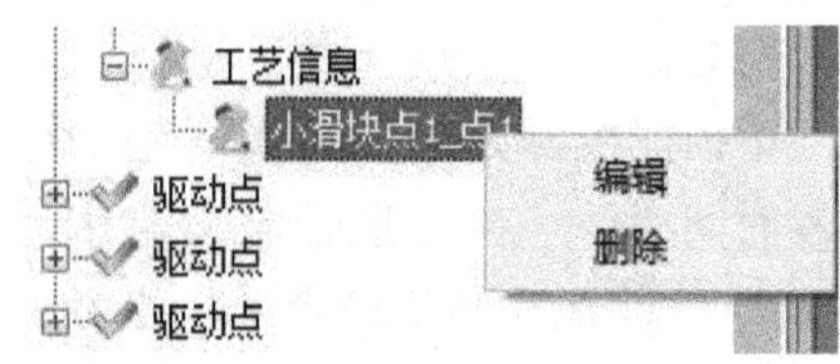

图6.75

添加仿真事件后的界面

8. 删除仿真事件

删除仿真事件用于删除在某轨迹点上添加的仿真事件。“删除仿真事件”对话框如图6.76所示。先勾选待删除的仿真事件，再单击“确定”按钮即可删除选定的仿真事件。

9. 轨迹点属性

轨迹点属性用于查看所选轨迹点的 X、Y、Z 三轴位置，以及用四元数表示的 Q1、Q2、Q3、Q4 三轴姿态，以准确了解轨迹点位姿，其对话框如图 6.77 所示。

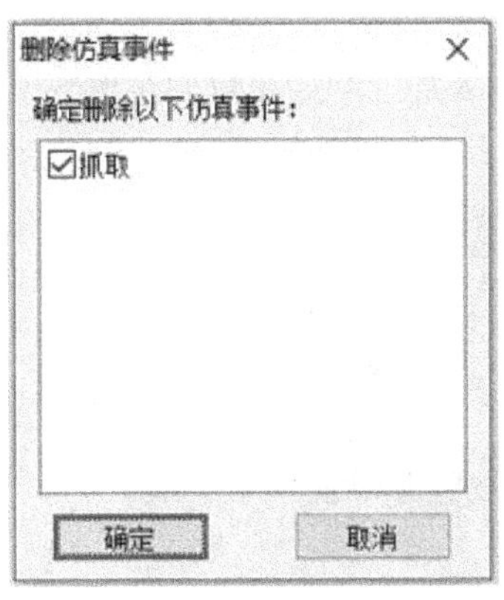

图 6.76

“删除仿真事件”对话框

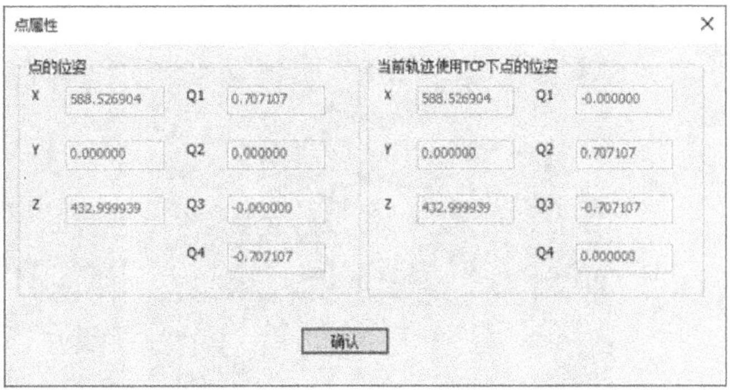

图 6.77

“点属性”对话框

10. 按轴移动轨迹点

按轴移动轨迹点只针对 Move - Absj 点，用于将选择的轨迹点沿选定的轴方向平移指定距离，以实现轨迹点的平移。其界面如图 6.78 所示。

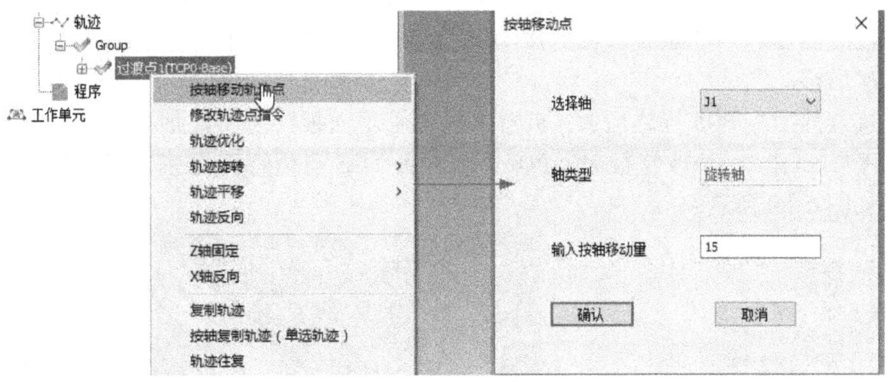

图 6.78

按轴移动轨迹点界面

右键单击选择的轨迹点，在右键菜单中选择“按轴移动轨迹点”选项，系统弹出“按轴移动点”对话框。“旋转轴”下拉列表框用于选择参考的坐标轴，“轴类型”可选择“旋转轴”或“平移轴”，“输入按轴移动量”文本框用于输入位移量，单位为 mm。再单击“确定”按钮，即可实现轨迹点的按轴移动。

11. 按轴复制轨迹点

与轨迹操作相同，此处的轴是指操作机器人的轴。按轴复制轨迹点即在旋转或平移运动机构的某轴至目标位置的同时，复制选中的轨迹点以简化轨迹设计。其中，平移轴是按距离复制，旋转轴则按角度复制。

12. 设置为起始点

设置为起始点用于将当前选择的轨迹点设定为轨迹起始点，即点 1，同时修改机器人的加工起始位置。

以气缸去毛刺为例，其轨迹初始状态如图 6.79a 所示。若将轨迹点 11 设置为起始点，其效果如图 6.79b 所示。此时，原轨迹点 11 已变成点 1，机器人加工起始位置发生改变。

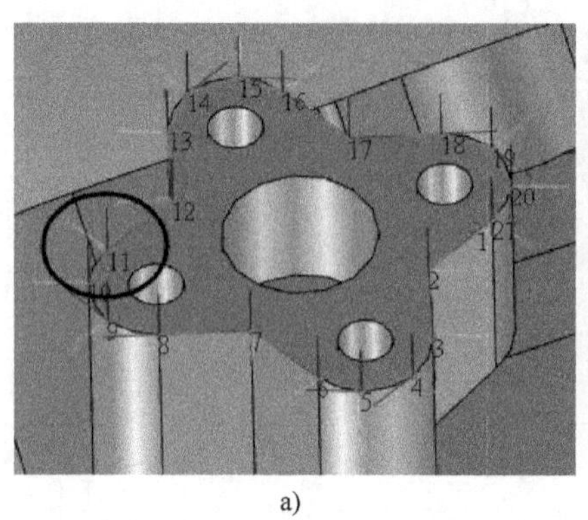

a)

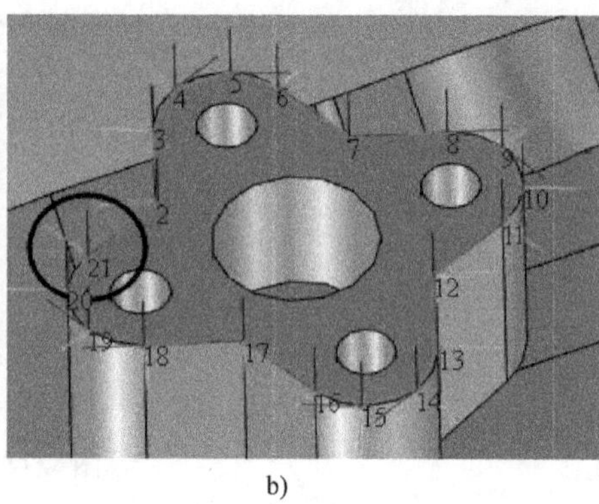

b)

图 6.79

设置为起始点效果图

13. 在此点前插入 POS 点

在此点前插入 POS 点用于在轨迹中插入 POS 点，以使机器人在轴限位前重新调整其姿态。在轨迹点前插入 POS 点后，也会在 TCP 位置插入一个点并取代该点序号，其后轨迹点的序号依次后移。

在轨迹点前插入 POS 点之后，“机器人加工管理面板”上将添加可修改的特征“插入 POS 点：序号 xx 点”。修改特征时，PQArt 将在此 POS 点位置弹出三维球以便于调整其位姿，效果如图 6.80 所示。

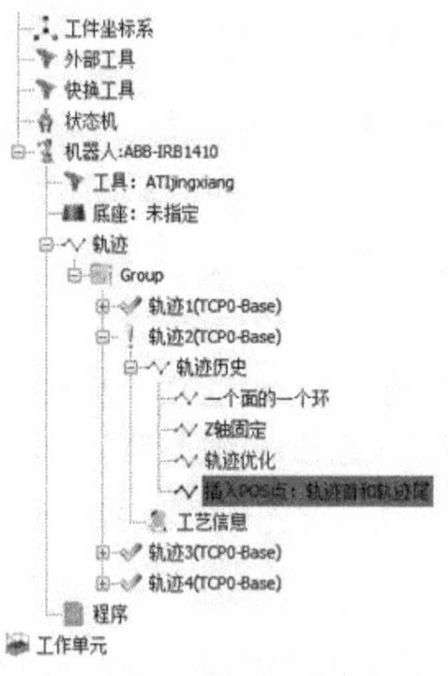

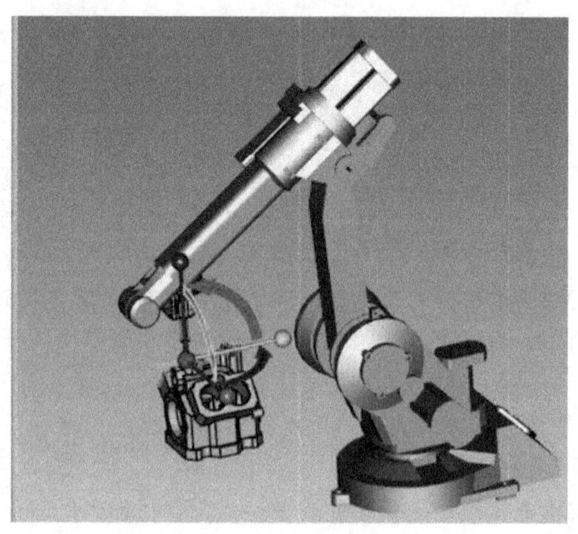

图 6.80

在轨迹点前插入 POS 点效果图

需要注意的是，轨迹点指令为“Move－Circle”时，无法进行插入 POS 点操作。

14. 单机构运动到点和多机构运动到点

单机构运动到点和多机构运动到点多用于多机器人协作场景。若想要选择某个机器人的某个轨迹点、查看机器人轨迹求解情况，目前有单机构运动到点和多机构运动到点两种办法。

二者具有明显差异。单机构运动到点是指对应的机器人及机构运行至此轨迹点，而其他机器人及机构静止不动。而多机构运动到点是指在对应的机器人及机构运行到此轨迹点的时间段内，场景中所有其他机器人及机构会做同步运动。如图 6. 81a 所示，机器人从点 A 运行至点 B 时，单机构运动到点、多机构运动到点效果分别如图 6. 81b、c 所示。

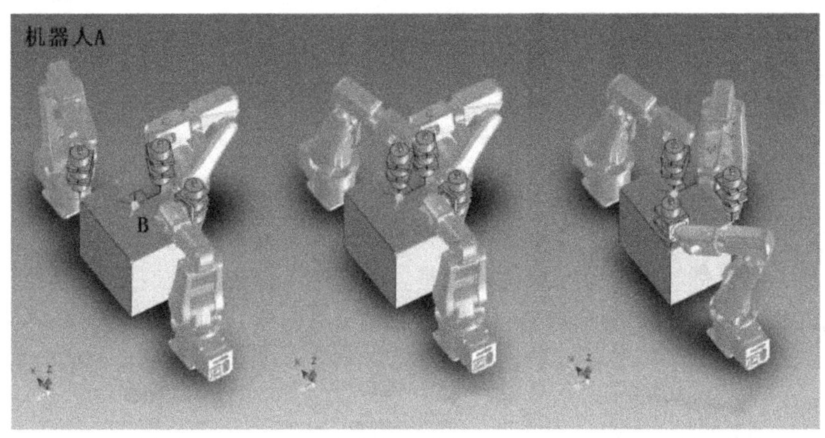

a) 初始姿态　　b) 单机构运动到点　　c) 多机构运动到点

图 6. 81

单机构运动到点和多机构运动到点效果图

在单机器人场景下，单机构运动到点和多机构运动到点的效果是一样的。

15. 从此点开始仿真

从此点开始仿真用于对所选轨迹点及其后的轨迹点进行仿真。选中指令后，PQArt 弹出“仿真管理面板”，即可模拟机器人运动路径和状态。

16. 观察

以所选轨迹点 Z 轴为视线出发点，用于观察所选轨迹点周边情形，其效果如图 6. 82 所示。

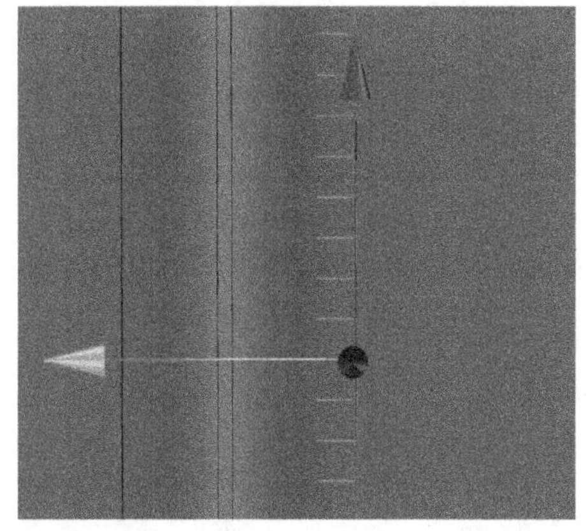

图 6. 82

观察效果图

17. 定义偏移量变量

一般情况下，场景中的工件位置是固定的。但针对物料等摆放位置不固定的场合，可设置轨迹点位置偏移变量来调整机器人运动路径，从而适应工件位置变化。

在轨迹点右键菜单内选择“定义偏移量变量”选项，系统弹出“设定偏移量”对话框，如图 6. 83 所示。

“偏移参考点”下拉列表框用于选择轨迹点偏移距离及角度的参考点；“dx 变量”“dy 变量”“dz 变量”下拉列表框用于设定轨迹点平移变量值；“ox 变量”“oy 变量”“oz 变量”下拉列表框用于设定轨迹点旋转变量值；“不显示端口变量”复选框用于设置是否在后置代码中显示端口变量。

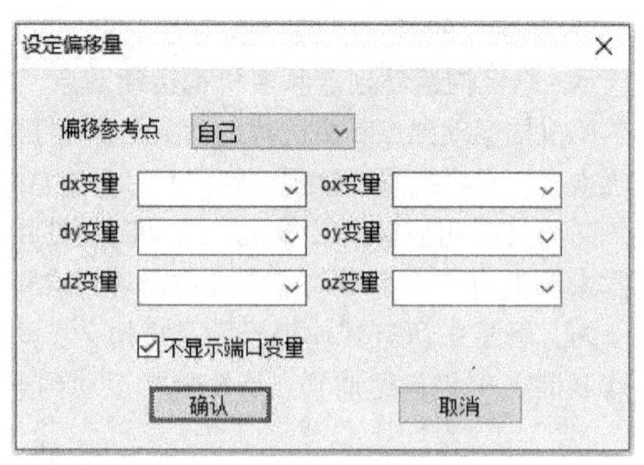

图 6.83

“设定偏移量”对话框

18. 分割轨迹

分割轨迹是以所选轨迹点为分割处，根据需求将一条完整轨迹分割为两条轨迹，分割处的轨迹点归入下一条轨迹。完成后，“轨迹历史”下所有轨迹特征将合并为“基本生成方式生成轨迹”。

以气缸去毛刺为例，选择共有 13 个轨迹点的轨迹 1 为待分割目标轨迹，在调试面板中选择轨迹点 6，右键单击并选择“分割轨迹”，如图 6.84 所示。

分割之后，原目标轨迹 1 分割成两条轨迹。原轨迹 1 只包含轨迹点 1 ~ 5，轨迹点6 ~ 13 合并为新轨迹 8，如图 6.85 所示。

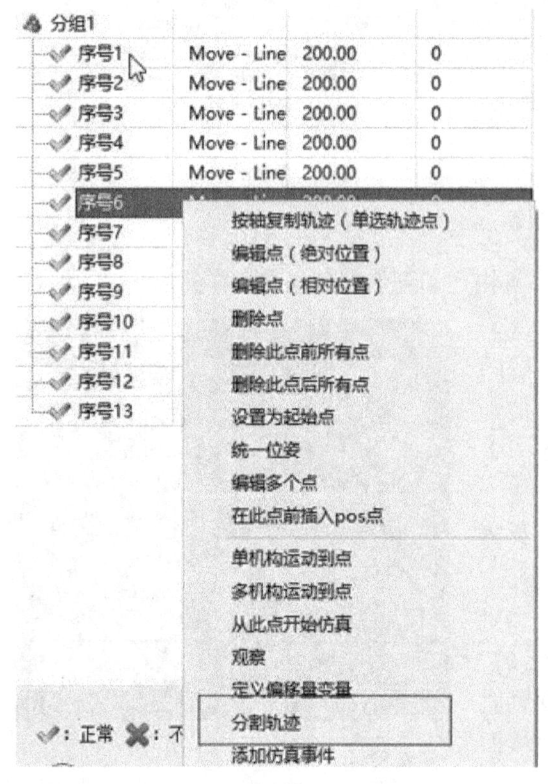

图 6.84

分割轨迹操作界面

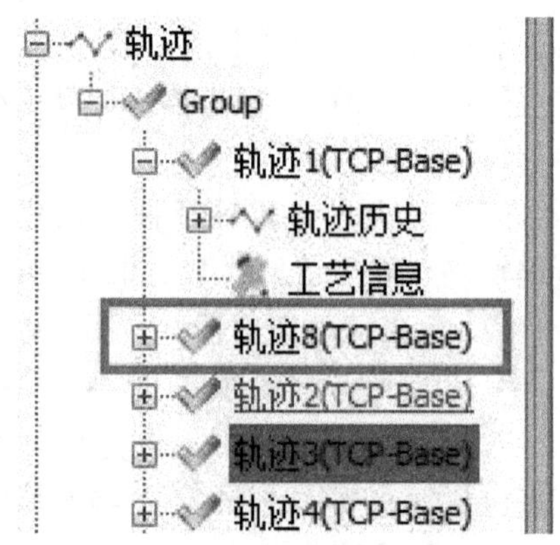

图 6.85

分割轨迹效果图

6.6　本章小结

本章是本书的核心内容之一，介绍了轨迹生成、轨迹选项、轨迹属性及轨迹点属性三类命令。在基于点、线和边的三种轨迹规划方法，修改步长和轨迹属性两种轨迹选型的基础上，重点介绍了常用的轨迹操作方法和轨迹点操作方法。

第 7 章

PQArt 虚拟仿真与后置

本章是轨迹规划、生成、轨迹操作和轨迹点操作的后续内容，将介绍使用仿真手段验证轨迹的可行性、机器人操作的可靠性和安全性的方法，以及将验证后的轨迹生成后置文件下载至控制器中等内容，为实际操作奠定基础。

7.1 编译

与一般软件中编译功能用来生成可执行文件的情况不同，PQArt 中的编译功能用来解析轨迹点状态。“基础编程”功能栏中的编译功能图标如图 7.1 所示。

图 7.1

“基础编程”功能栏及编译功能图标

单击编译功能图标，即可编译轨迹点状态。编译之后的轨迹点状态包括正常、不可达、轴超限、奇异点及未知五种情况，如图 7.2所示。

：正常 ：不可达 ：轴超限 ：奇异点 ：未知

图 7.2

轨迹点编译状态

除 Move - AbsJoint 点、抓取轨迹及放开轨迹外，生成轨迹后的其他轨迹点均显示为灰色的未知状态。只有“编译”“仿真”“单机构/多机构运动到点”三个指令可解析轨迹点状态，解析之后的轨迹点由灰色变为正常、不可达、轴超限、奇异点或未知状态。因 Move - AbsJoint 点是确定机器人关节角度值的确定点，轨迹生成之后其状态可直接解析出来，无需再经编译过程。

为直观显示编译状态，编译时 PQArt 绘图区会出现进度条，以提示编译进度，如图 7.3

所示。

同时，PQArt 会在输出面板中显示编译情况。在各条轨迹状态正常时，输出面板会直接提示“编译完成”，如图 7.4 所示。

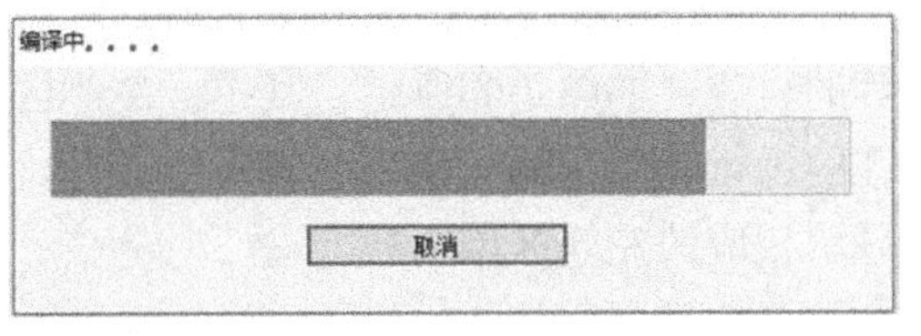

图 7.3

编译进度条

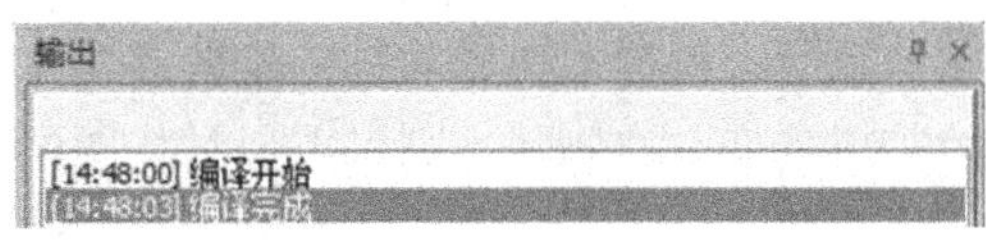

图 7.4

“编译完成”提示

7.2　仿真

PQArt 的仿真功能是在生成轨迹、导入轨迹及编辑轨迹、编译并解析轨迹点状态后，形象、逼真地模拟机器人在真实场景中的运动路径和状态，以便查看并确定机器人是否以正确姿态进行工作。“基础编程”功能栏中的仿真功能图标如图 7.5 所示。

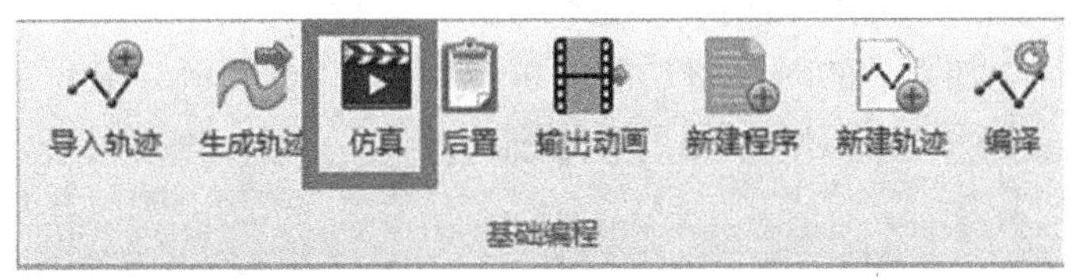

图 7.5

“基础编程”功能栏及仿真功能图标

单击仿真功能图标后出现的仿真管理界面如图 7.6 所示。其中，按钮用于关闭仿真管理面板，按钮用于开始及暂停仿真，按钮用于循环仿真。

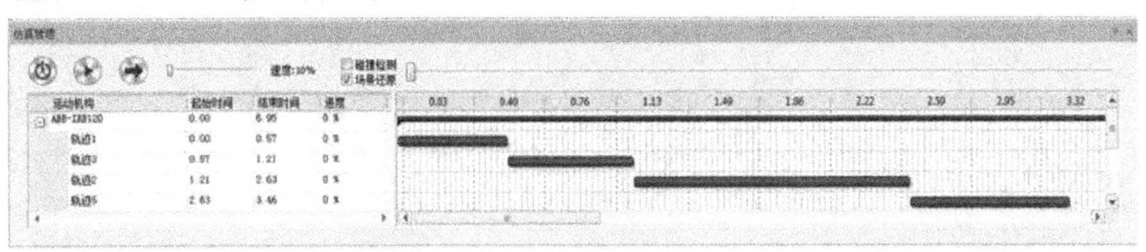

图 7.6

仿真管理界面

仿真时，还可进行仿真速度控制和碰撞检测。拖动如图 7.7 所示的滑块，即可调节仿真速度。滑块越靠右，仿真速度越快。勾选“碰撞检测”复选框后，PQArt 就会对装配体各零部件、各相对运动部分进行仿真。在检测到碰撞发出警示声的同时，碰撞部分还会以醒目的暗红色高亮显示。

图 7.7

仿真速度调节滑块

仿真还提供了场景还原功能。仿真结束后，机器人将回到第一条轨迹的起始点位置，以准备下次仿真或运行其他功能。在图 7.6 所示仿真管理界面中，场景还原功能默认是勾选状态。

仿真时，PQArt 通过动态时间轴依次罗列、形象直观地显示所有运动机构的运行时间和进度，以便于用户和设计人员查看机器人、工件等的轨迹，如图 7.8 所示。其中，左侧区域用来显示运动机构下生成的每一条轨迹、每条轨迹的运行起始时间、结束时间及以百分比表示的完成进度。右侧区域则以类似甘特图的形式显示相应的左侧区域内容。

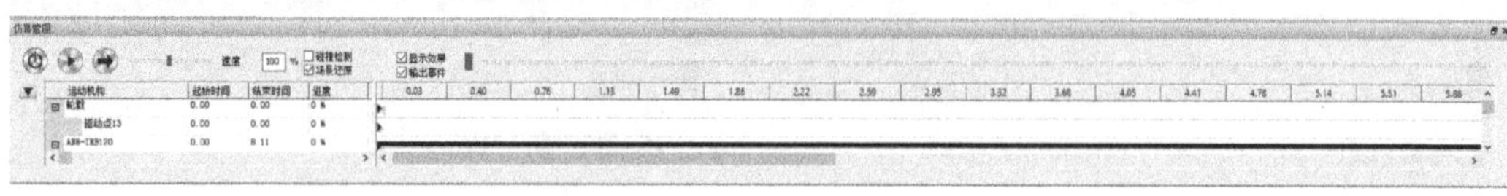

图 7.8

执行仿真时的仿真管理界面

若轨迹中存在“发送事件”和“接收事件”，右侧面板上会显示黑色箭头，并以箭头指向接收物体。当存在过多发送和接收对象时，还可通过仿真管理面板查看其匹配情况。若出现多个时间轴，说明在这个时间段内有多条轨迹同时运行。

PQArt 还提供了更加直观的时序图功能。单击如图 3.16 所示“显示”功能栏中最右侧的时序图图标，将会显示如图 7.9 所示的时序图。

时序设计

运动机构	起始...	结束...	进度
⊟ 推杆1	7.36	8.62	0 %
驱动点9	7.36	7.36	0 %
驱动点44	7.75	7.75	0 %
驱动点15	8.19	8.19	0 %
⊟ 推杆2	16.95	18.42	0 %
驱动点27	16.95	16.95	0 %
驱动点31	17.88	17.88	0 %
⊟ 推杆3	17.88	19.21	0 %
驱动点32	17.88	17.88	0 %
驱动点36	18.75	18.75	0 %
⊟ 小滑块	6.33	9.88	0 %
驱动点6	6.33	6.33	0 %
驱动点8	7.36	7.36	0 %
驱动点43	7.36	7.75	0 %

点 2

点 1

图 7.9

执行仿真时的时序图

时序图可以更直观表示“发送事件”和“接收事件”。其中，黑色箭头代表一个发送等待关系，箭头指向接收物体，箭尾来自发送物体。例如，点 1 和点 2 间的连线和箭头代表了小滑块上的驱动点 8 发送给推杆 1 上的驱动点 9 的一个事件。同时，每个轨迹点与左侧面板的轨迹点横向对应。

7.3 后置

后置是仿真与真实工作场景间的桥梁和纽带，其可将 PQArt 生成的轨迹、坐标系等信息转换为机器人可执行的代码，将代码复制或下载到示教器或控制器可控制真机运行的过程和方法。“基础编程”功能栏中的后置功能图标如图7.10所示。

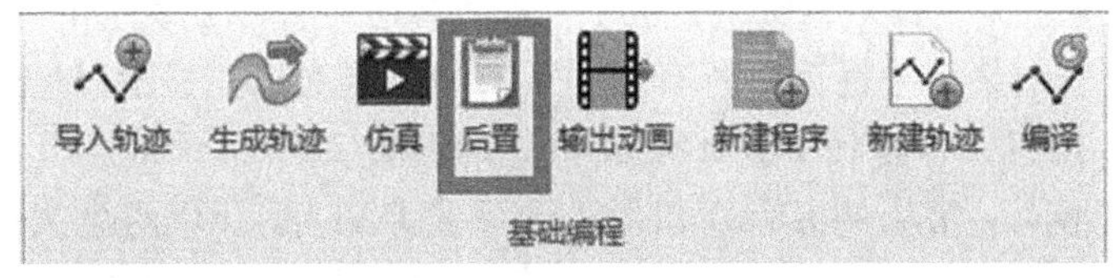

图7.10

“基础编程”功能栏中的后置功能图标

单击后置功能图标后弹出“后置处理”对话框，如图7.11所示。

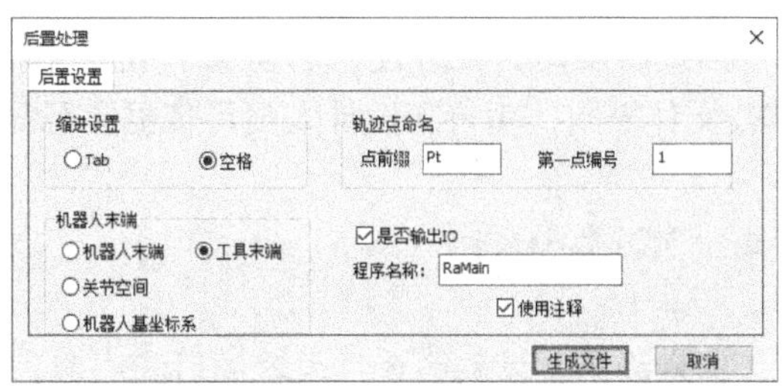

图7.11

后置处理对话框

在“后置处理”对话框中，“缩进设置”用来设置后置文件格式，一般选择“空格”。机器人末端用来设置输出代码以机器人末端或法兰坐标系为准，还是以工具末端坐标系为准，一般选择“工具末端”，即工具末端坐标系。轨迹点命名由前缀和编号组成，可使用默认命名，也可按照个人喜好进行设置。后置的轨迹起始编号可以是0或1，也可根据需要设定。注释是指解释代码语言的文字，是否勾选可根据需要设定。还可以勾选或取消勾选“使用工艺参数”复选框。输入示教器可识别的程序名称后单击“生成文件”按钮，弹出的后置代码编辑器如图7.12所示。

自定义后置

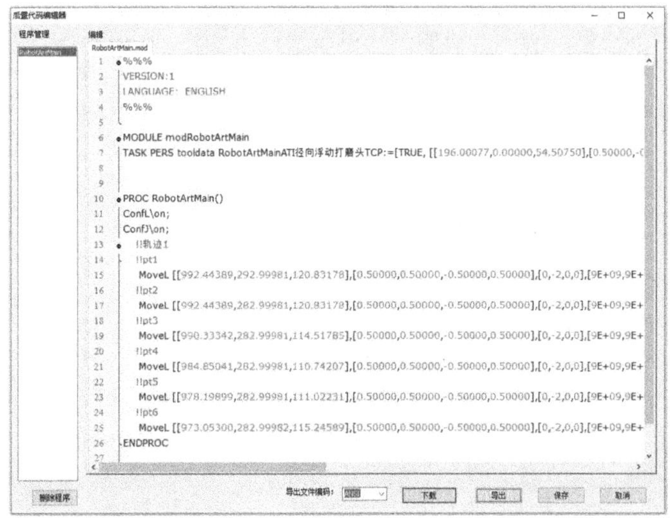

图7.12

后置代码编辑器

为便于查看后置代码，后置代码编辑器中轨迹点的坐标、字符和注释分别使用不同颜色显示；行号可以便于定位代码；折叠功能可以便于手动展开和收起同一组别或段落的代码。编辑器还具有强大的提示功能，例如输入轨迹点指令的首字母 M 后，编辑器便会自动提示出 MoveL、MoveC 等字样。针对 ABB 机器人，编辑器还可提示出完整的轨迹点指令和相关指令的参数格式。选中某个字符后，所有相同字符均以蓝底高亮显示以增强可读性。

单击“下载”按钮，即可使 PQArt 生成相应的后置文件。不同公司不同型号机器人的后置代码文件格式不同。常见的 KUKA 机器人会后置 DAT 和 SRC 两个文件，其他品牌的机器人一般后置一个 mod 文件。单击“导出”按钮，可将后置文件直接拷贝到示教器中，以完成真机运行和验证。导出文件有 ANSI 和 UTF - 8 两种编码格式。其中，ANSI 编码不支持中文字符，UTF - 8 支持中文字符，用户和设计人员可根据机器人的后置需求选择具体的编码格式。单击“保存”按钮，可将后置代码保存在编辑器中。

为提高设计的灵活性，后置文件的字体颜色、背景色、折叠方式等具体显示样式由 XML 文件控制，用户和设计人员可依据实际需求自定义后置的具体显示样式。

7.4 本章小结

本章为第 5 章和第 6 章内容的后续内容，重点介绍了轨迹验证之后仿真的方法和过程及后置文件的生成方法。

第 8 章
PQArt 应用案例（一）

本章在前面章节有关内容的基础上，以激光切割和工件去毛刺为工程案例，详细介绍应用 PQArt 进行离线编程与仿真的方法和步骤。

8.1 激光切割应用案例

本应用案例按照场景搭建、校准 TCP 与零件、轨迹设计与生成、轨迹优化、仿真与后置的顺序进行。

8.1.1 场景搭建

1. 机器人选择与导入

考虑工程实际需要，选择 STAUBLI – RX160L 激光焊接机器人。在“场景搭建”功能栏中，单击“机器人库”图标，选择 STAUBLI – RX160L 机器人，如图 8.1 所示。

2. 工具与零件选择与导入

选择法兰激光三维切割工具。在“场景搭建”功能栏中，单击“工具库”图标从工具库内下载该工具，导入后工具会与机器人自动装配，如图 8.2 所示。以直管为加工零件，在“场景搭建”功能栏中，单击“输入”图标，导入 stp 格式文件，导入后搭建的激光切割场景如图 8.3 所示。

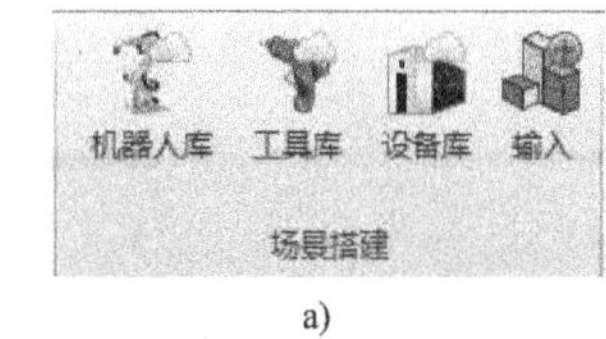

a)

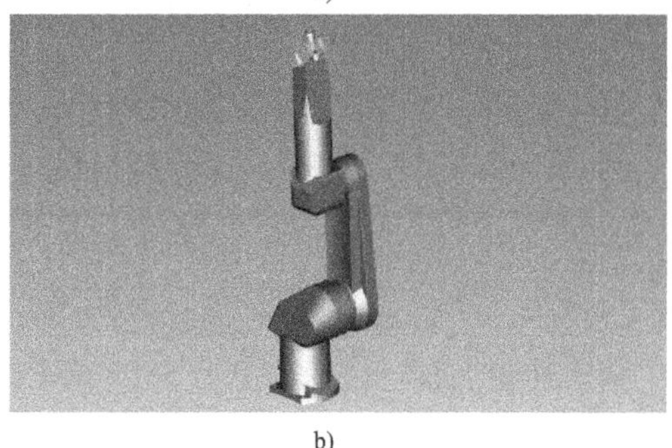

b)

图 8.1

选择与导入机器人

8.1.2 校准 TCP 与零件

1. 校准 TCP

校准的第一步是校准 TCP。机器人厂商和型号不同，机器人的校准方法也不完全相同。

以 STAUBLI－RX160L 机器人为例，在机器人加工管理面板的“工具”上单击鼠标右键，在弹出的快捷菜单中选择“TCP 设置”，如图 8.4a 所示。在弹出的“设置 TCP”对话框中，填写实际测量的 TCP 坐标数据，如图 8.4b 所示。

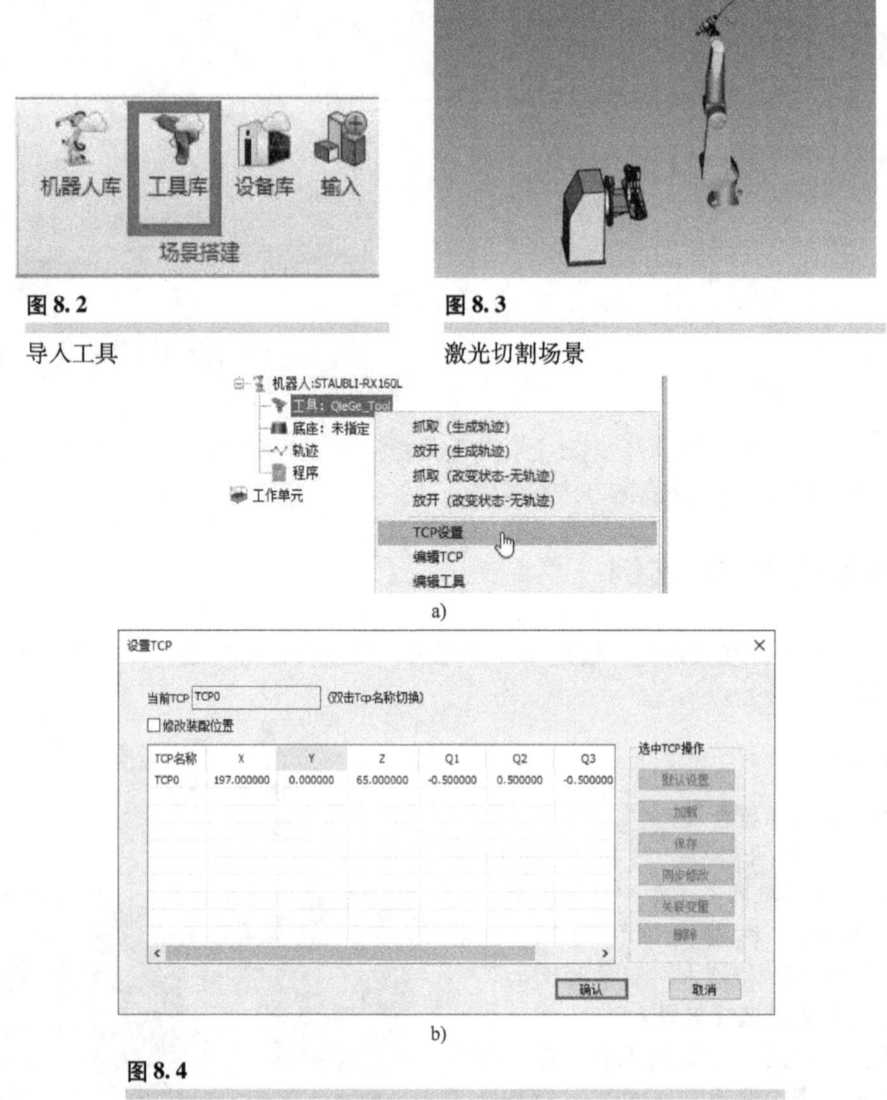

图 8.2

导入工具

图 8.3

激光切割场景

a)

b)

图 8.4

校准 TCP

需要注意的是，校准 TCP 之后，工具可能与机器人分离，这主要由误差引起的，不影响实际设计环境。

2. 校准零件

在真实环境中，零件与机器人是有精确的相对位置。为保证设计的正确性和设计轨迹的工程可用性，必须保证搭建的设计环境与真实环境一致。为此，必须根据真实环境中机器人与零件的相对位置，对设计环境中的零件进行校准。使用三点法对零件进行校准，在“工具”功能栏中单击“校准”图标，使系统运行校准功能。

在弹出的“校准”对话框中，选择不共线、比较有特征和易于测量的两个特征点作为校准点，如图 8.5a、b 所示。然后，再选择第三个特征点作为校准点，如图 8.5c 所示。

在真实环境中测量与上述三个特征点对应的机器人的位置，并在图 8.6 所示“校准”对话框的“真实环境”区域内输入其三维坐标。然后，单击“对齐”按钮，就在零件校准基础上实现真实环境与设计环境的一致和对应了。

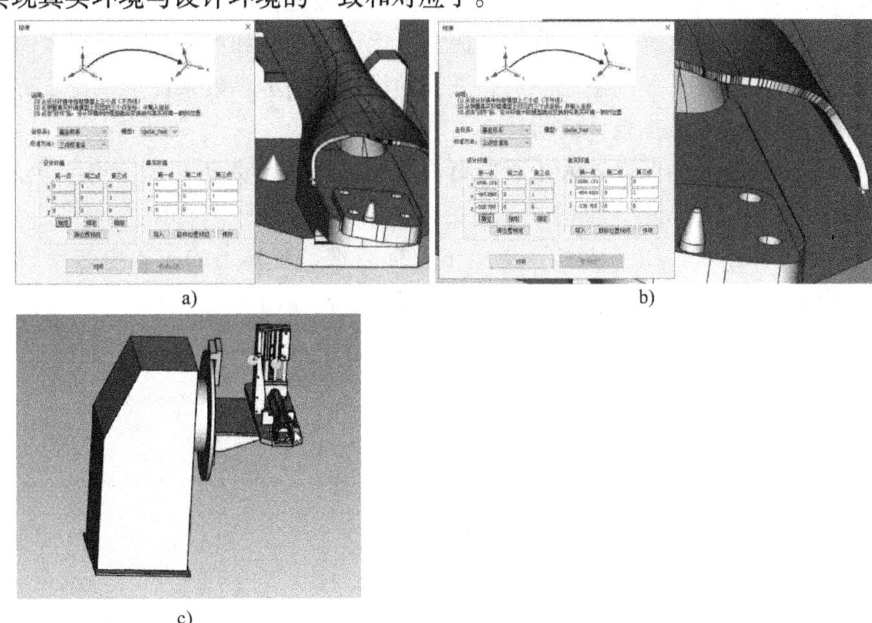

a)　　b)　　c)

图 8.5

零件校准特征点选择

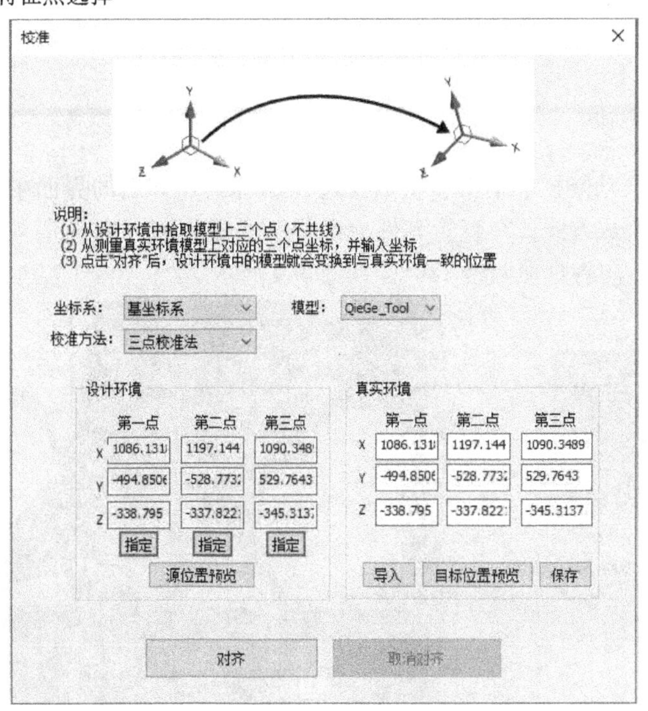

图 8.6

“校准”对话框

8.1.3 轨迹设计与生成

轨迹设计的原则是时间最优和空间最优。所谓时间最优，即无用路径越少越好，以提高工作效率。空间最优就是轨迹上无干扰和碰撞，以保证安全性和可靠性。根据零件形状的不同，空间最优轨迹可能需要多次生成。但在适当的设计原则和参数条件下，完全有可能一次生成兼具时间最优和空间最优条件的轨迹。

设计轨迹时，应首先确保机器人处于非奇异状态，即机器人不可位于奇异点上。例如，在“调试面板”上将机器人第5轴的关节值更改为30°，如图8.7所示。

选择机器人工作原点。在“工具”上单击鼠标右键，在弹出的菜单中选择“插入POS点（Move－AbsJoint）”，此POS点即为机器人工作原点，如图8.8所示。

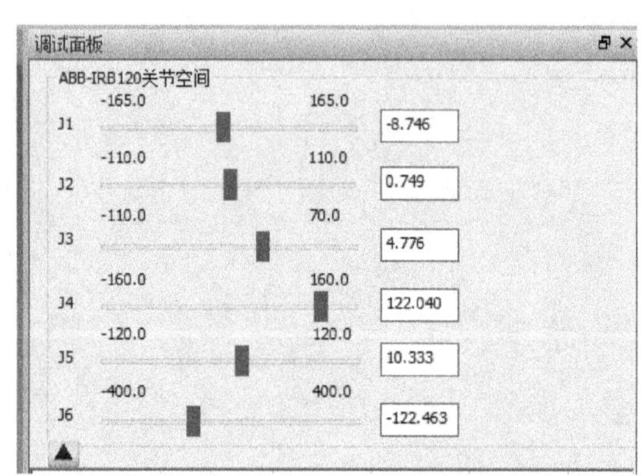

图8.7

修改机器人关节初始值

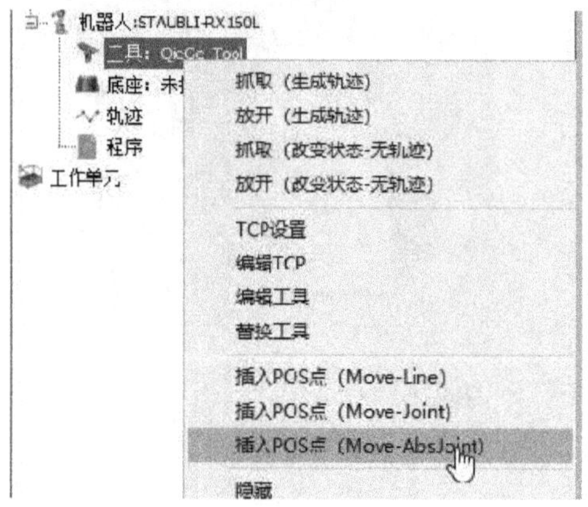

图8.8

设定机器人工作原点

在“基础编程”功能栏中单击“生成轨迹”图标。在弹出的界面中选择“沿着一个面的一条边”的轨迹生成方式。在直管零件上选择一条边，若方向与期望方向不一致，再单击一次此边，生成方向将自动调转180°，如图8.9所示。

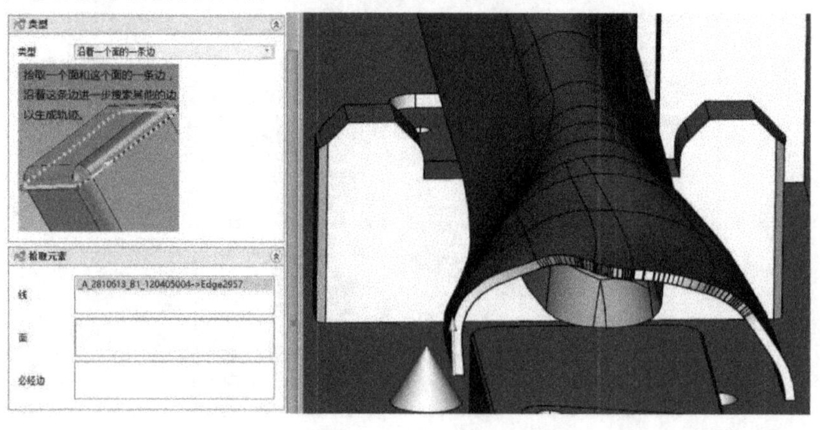

图8.9

拾取一条边

此时，左侧的“面”处于工作状态，显示为红色。再单击一下左侧面，选择此面，如图 8.10 所示。

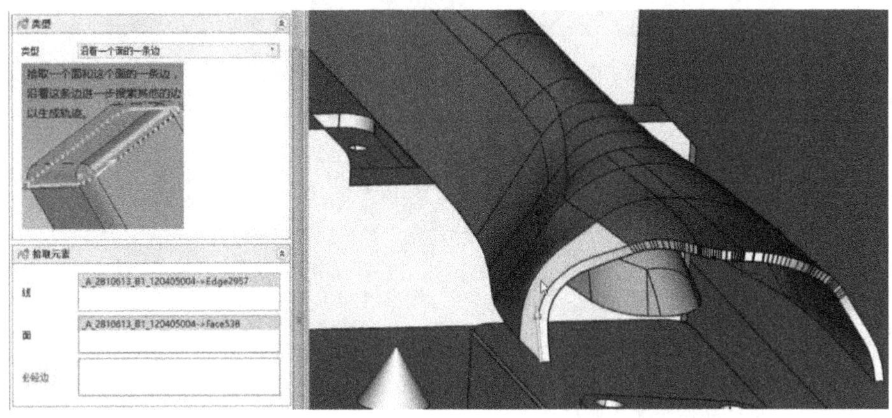

图 8.10

拾取一个面

“面”变成黑色之后，单击选择的点作为切割终点，如图 8.11 所示。

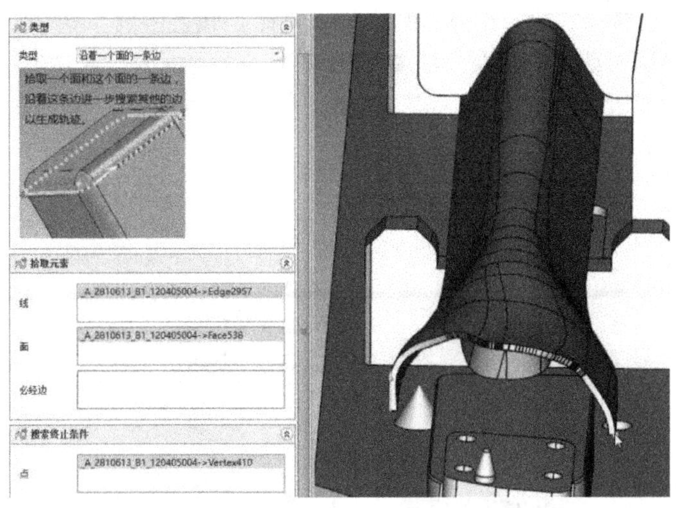

图 8.11

拾取切割终点

再单击绿色完成按钮，即生成如图 8.12所示的切割轨迹。

按照如上步骤和方法，再生成第二条切割轨迹，如图 8.13 所示。

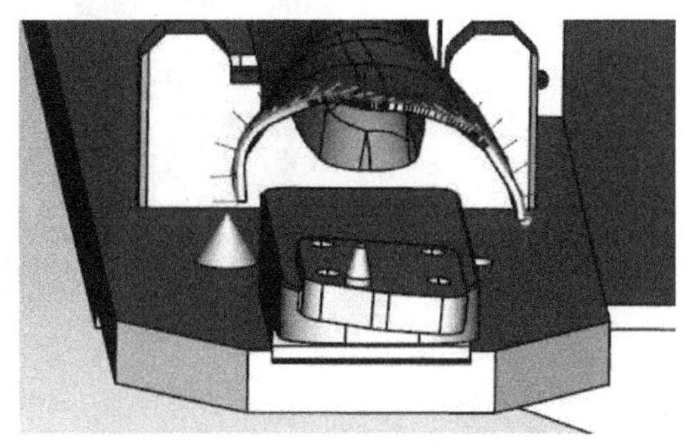

图 8.12

生成的第一条切割轨迹

8.1.4　轨迹优化

1. 轨迹平移

轨迹平移是轨迹优化的第一步。按前述操作生成的轨迹未考虑切割头与零件接触的问

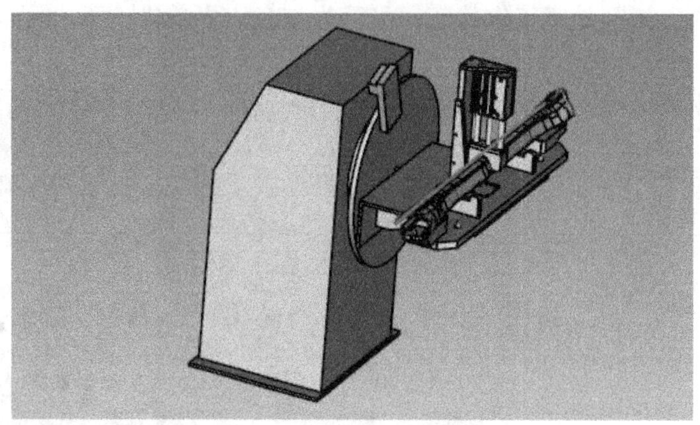

图 8.13

生成的第二条切割轨迹

题，也就是按当前轨迹切割时，切割头可能与直管零件发生碰撞。为消除潜在的碰撞风险，还需要进行沿 Z 轴的轨迹平移操作。

选中轨迹后单击鼠标右键，在弹出的菜单中选择“轨迹平移”选项，如图 8.14a 所示。在弹出“轨迹平移”对话框中，在“沿着 Z 轴移动”文本框中输入“5”，使轨迹沿 Z 轴平移 5mm，如图 8.14b 所示。单击“确定”按钮，最终效果如图 8.14c 所示。

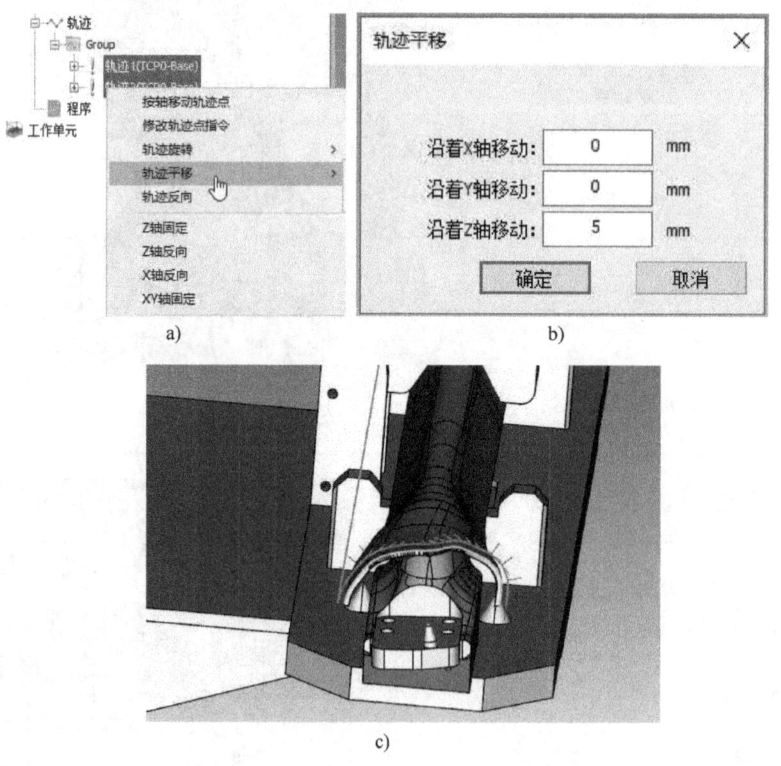

图 8.14

轨迹沿 Z 轴平移 5mm 操作

2. 轨迹点姿态调整

轨迹点姿态调整是轨迹优化的第二步，是为了避免轨迹上存在轴超限、不可达点及奇异点。这是非常重要和关键的优化步骤，不可省略。

在选中轨迹上单击鼠标右键，在弹出的菜单上选择“轨迹优化”选项，如图 8.15 所示。

在弹出的“轨迹优化”窗口中，单击“开始计算”按钮。计算结果如图 8.16 所示。计算结果表明，紫色线与黄色线重合，代表着轨迹上存在轴超限点和奇异点。沿着水平轴移动，鼠标可以获得轨迹点序号和角度信息。在紫色线上单击鼠标右键，选择增加点并调整轨迹，将右侧轨迹点向上拖动。

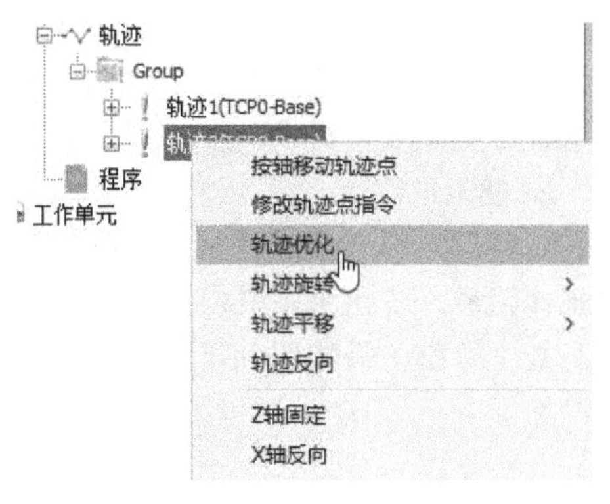

图 8.15

选择“轨迹优化”选项

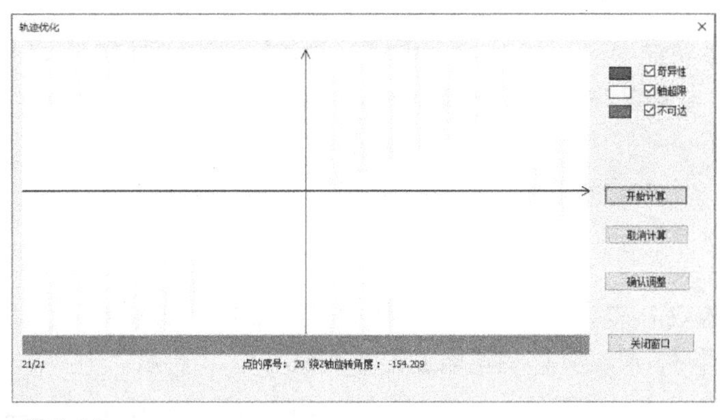

图 8.16

轨迹优化计算结果

同时，按照如图 8.17 所示曲线拖动绿色点再次进行轨迹优化。单击“确认调整”按钮，则轨迹前的图标变为对号，如图 8.18 所示。二次调整后的所有轨迹点都变成了绿色，符合设计要求。

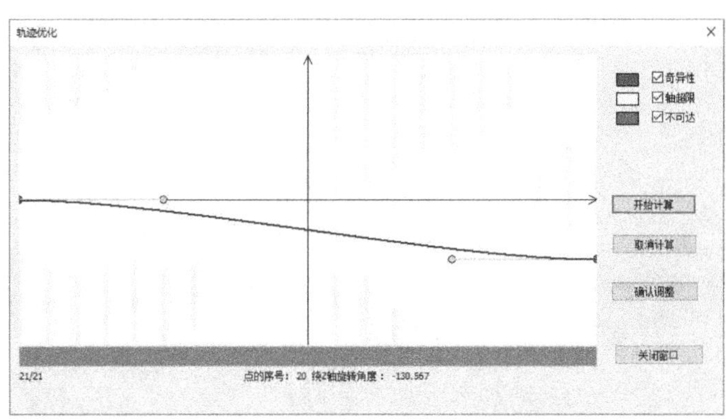

图 8.17

轨迹二次调整

按照如上过程和方法，对轨迹1进行优化和调整，直至所有轨迹点都变成绿色，以符合设计要求，分别如图8.19和图8.20所示。

3. 插入过渡点

观察后发现，生成的轨迹1和轨迹2都是独立工作路径，彼此无关联。为联结这两条轨迹以提高加工效率，需按照如下过程和方法加入一些过渡点。

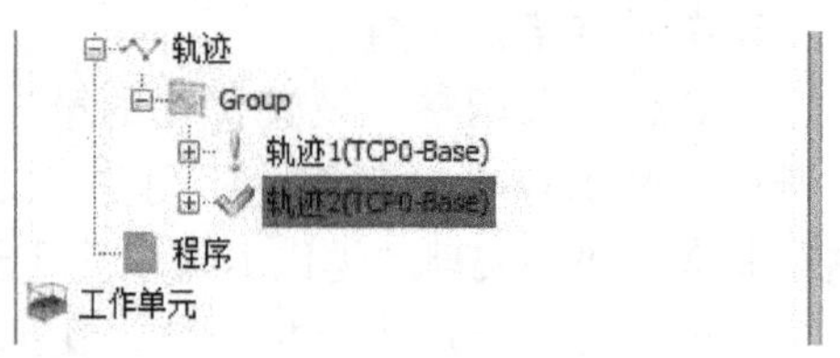

图8.18

二次调整后的轨迹2

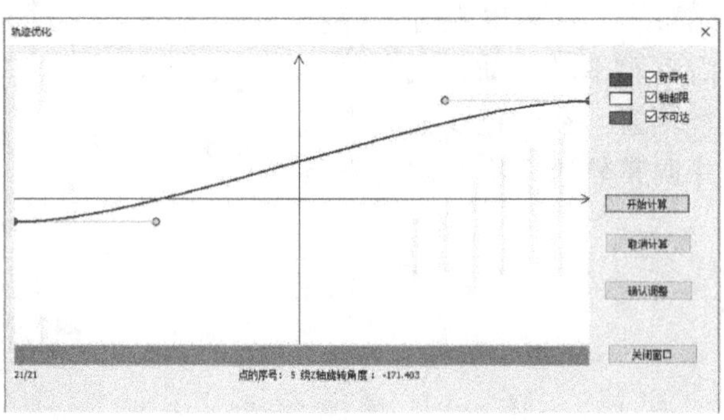

图8.19

轨迹1的优化与二次调整

1）在调试面板双击第一个轨迹点插入POS点，以避免机器人、工具与零件发生碰撞，如图8.21所示。同时，将工具移动至端点位置，如图8.22所示。

图8.20

轨迹优化及二次调整后的轨迹1和轨迹2

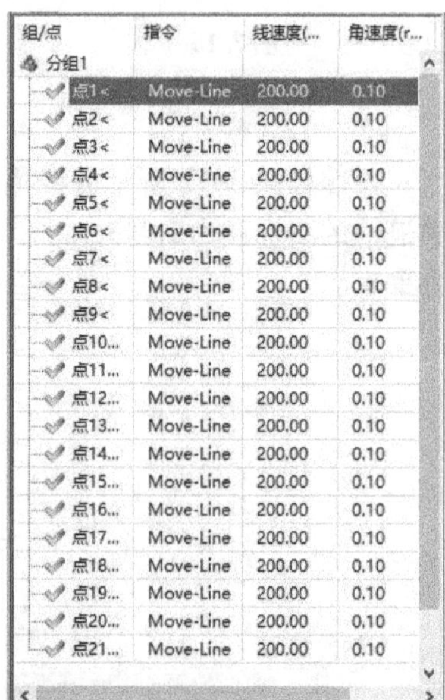

组/点	指令	线速度(...	角速度(r...
分组1			
点1<	Move-Line	200.00	0.10
点2<	Move-Line	200.00	0.10
点3<	Move-Line	200.00	0.10
点4<	Move-Line	200.00	0.10
点5<	Move-Line	200.00	0.10
点6<	Move-Line	200.00	0.10
点7<	Move-Line	200.00	0.10
点8<	Move-Line	200.00	0.10
点9<	Move-Line	200.00	0.10
点10...	Move-Line	200.00	0.10
点11...	Move-Line	200.00	0.10
点12...	Move-Line	200.00	0.10
点13...	Move-Line	200.00	0.10
点14...	Move-Line	200.00	0.10
点15...	Move-Line	200.00	0.10
点16...	Move-Line	200.00	0.10
点17...	Move-Line	200.00	0.10
点18...	Move-Line	200.00	0.10
点19...	Move-Line	200.00	0.10
点20...	Move-Line	200.00	0.10
点21...	Move-Line	200.00	0.10

图8.21

双击第一个轨迹点

在轨迹上插入 POS 点较为繁琐，需要调用三维球工具。单击工具，按 F10 快捷键，绘图区出现三维球。拖动三维球，将 TCP 移动至要增加 POS 点的位置，如图 8.23a 所示。在工具上单击鼠标右键，选择“插入 POS 点（Move - AbsJoint）”选项，如图 8.23b 所示。为便于管理，将其命名为“趋近点 1”。按照如上方法擦入多个 POS 点。

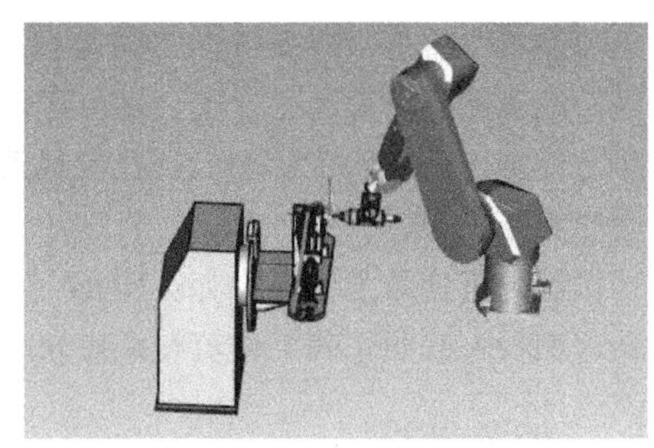

图 8.22

工具移动至端点位置

2）增加离开点。机器人加工完一条轨迹后，需要在切割轨迹的最后一个点附近的离开点 1 离开该轨迹。参考第 6 章有关内容增加离开点、趋近点 2、离开点 2 及 Home 点，分别如图 8.24a ~ d 所示。

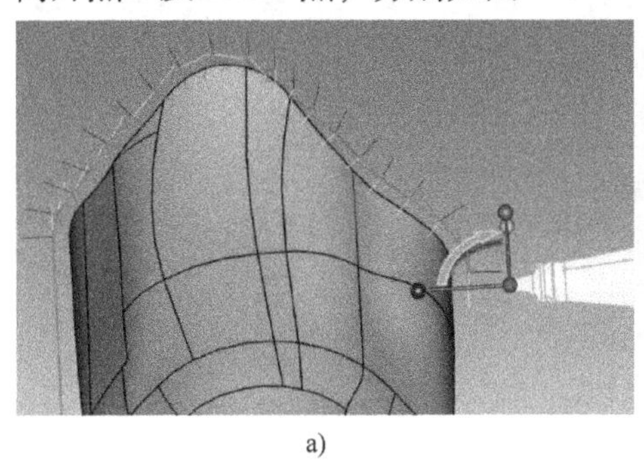

a)

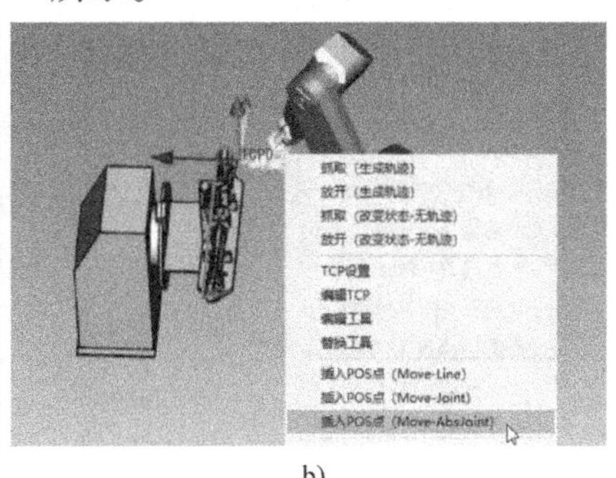

b)

图 8.23

增加 POS 点示例

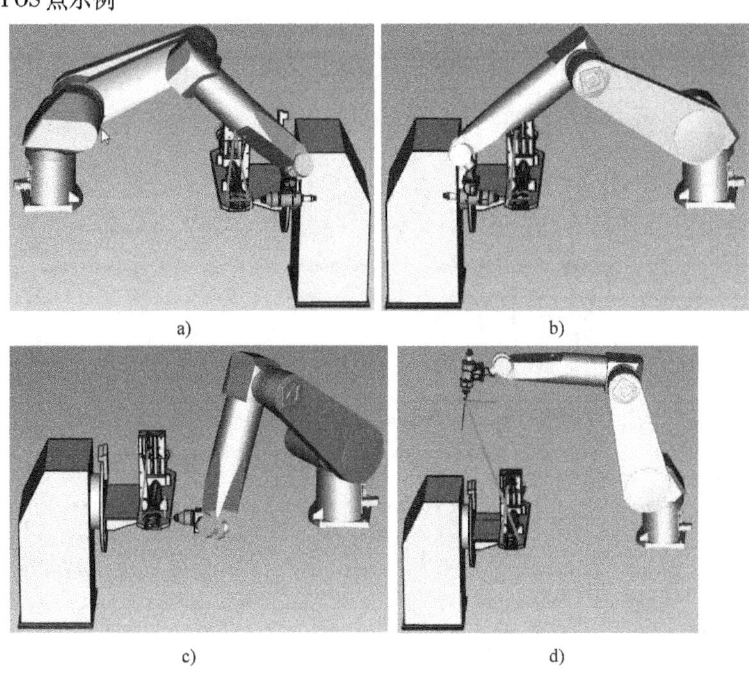

a)　b)

c)　d)

图 8.24

增加其他过渡点

需要说明的是，对在两点之间走直线的工作机器人，插入 POS 点可避免机器人、工具与零件的碰撞，以提高工作安全性。考虑到激光切割的工作原理为先在切割工件上穿孔，孔打穿之后再按正常轨迹切割，打孔位置若在切割轨迹上，则会影响切割的断面质量，为此需要增加离开点和趋近点。

机器人正确的工作流程为：Home 点→趋近点→工作点→离开点。因此，应在机器人加工管理面板上按照正确工作流程调整轨迹顺序，结果如图 8. 25 所示。

8. 1. 5　仿真与后置

单击“基础编程”功能栏中的“仿真”图标，打开“仿真管理”窗口，勾选“场景还原”复选框，以仿真机器人激光切割运动状态。

单击“基础编程”功能栏中的“后置”图标，打开“后置处理”对话框。为提高效率及准确性，需指定如图 8. 26 所示的路径信息。

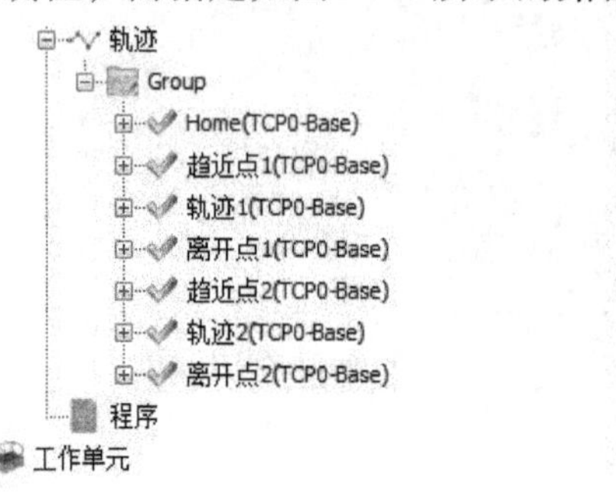

图 8. 25

调整之后的轨迹顺序

后置处理

后置设置　路径信息

轨迹名	点个数	轨迹ID	轨迹类型
Home	1	1342177288	Home
趋近点1	1	1342177285	趋近
轨迹1	21	1342177281	工作
离开点1	1	1342177286	离开
趋近点2	1	1342177287	趋近
轨迹2	22	1342177282	工作
离开点2	1	1342177290	离开

生成文件　取消

图 8. 26

后置时的路径信息

单击“生成文件”按钮，打开“后置代码编辑器”，可以查看生成的代码，如图 8. 27 所示。

图 8. 27

激光切割工艺“后置代码编辑器”

单击“保存”按钮，选择适当的工作目录即可生成后置代码文件。

将后置代码下载至控制器即可控制机器人进行实际的切割作业。若后置代码能控制机器人正确完成作业，则离线编程与仿真结束。若存在超过规定范围的切割误差，还需要对轨迹进行微调直至其精度符合要求。后置完成后保存工程文件。

8.2　气缸去毛刺应用案例

去毛刺是常用的工程案例，在发动机、内燃机及一些其他动力机械领域具有广泛应用。其工艺设计过程非常典型，本节重点介绍气缸去毛刺工艺设计方法。

8.2.1　场景搭建

1. 机器人选择与导入

选用 ABB - IRB1410 机器人，参考 8.1.1 小节介绍的方法导入设计场景。

2. 工具与零件的选择与导入

从“工具库”内选择“ATI 径向浮动打磨头”作为工具，从“设备库”内选择“零件气缸”作为待加工处理零件，参考 8.1.1 小节介绍的方法导入设计场景。搭建好的场景如图 8.28 所示。

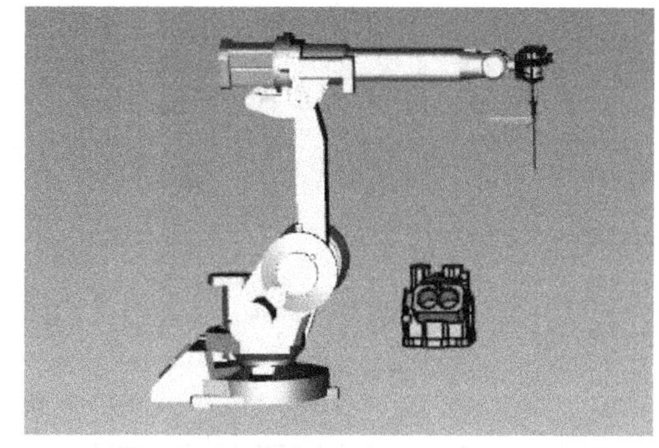

图 8.28

气缸去毛刺场景

8.2.2　校准 TCP 与零件

1. 校准 TCP

在如图 8.4b 所示的“设置 TCP”对话框中，单击“加载”按钮，打开如图 8.29 所示“打开”对话框。选择在真实环境测得的 cfg 格式的 TCP 数据文件，单击“打开”按钮返回“设置 TCP”对话框，单击“确认”按钮完成 TCP 校准。

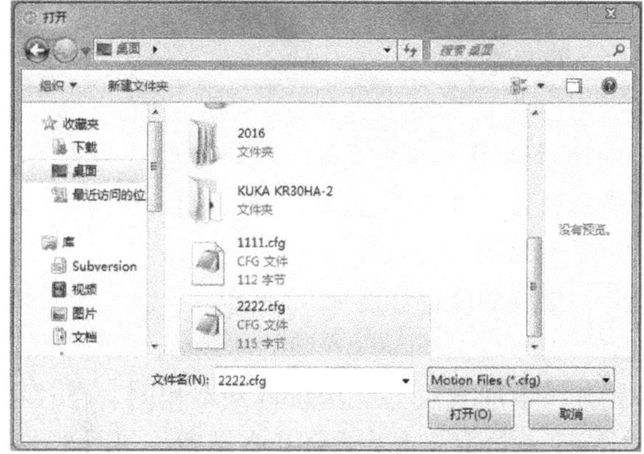

图 8.29

选择 cfg 格式文件

这是校准 TCP 的第二种方法，与 8.1.2 小节介绍的校准方法本质上相同。

2. 校准零件

采用三点校准法校准零件气缸。打开工件“三点校准”对话框，“坐标系”选择“基坐标系”，“模型”选择气缸的模型（9F0890E6－31）。

在气缸上依次指定不共线的三个点作为校准参考点。单击“设计环境”区域内“指定”按钮，再在气缸上指定一个点，如此三次，分别指定三个校准参考点。再在“真实环境”区域内输入真实环境中参考点对应的三个实际点的坐标值，如图 8.30 所示。单击“对齐”按钮，可见气缸位置和姿态发生了变化，实现了零件校准。

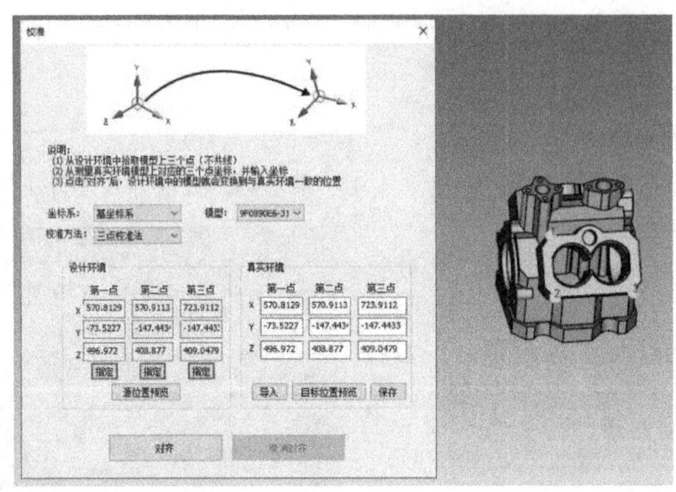

图 8.30

气缸零件三点校准

若已将真实环境中三个实际点的坐标值数据保存在文件中，则可单击“导入”按钮直接导入其数值，这样，数据的可靠性更高。

8.2.3 轨迹设计与生成

根据工艺要求，需要在二星内部、四星外环、双环外边、双环等内边和外边上生成去毛刺轨迹，轨迹设计及生成相对复杂。

1. 二星内环轨迹设计

首先，在“设置”中确认使用工具为“ATI 径向浮动打磨头”，关联打磨头上的 TCP。在“生成轨迹”面板中选择轨迹“类型”为“一个面的一个环”，拾取元素分别为二星内环和内环所在外端面，如图 8.31 所示。

单击绿色完成按钮 ✓，生成的轨迹如图 8.32 所示。

2. 四星外环轨迹设计

四星轨迹是第二条轨迹，生成方法与二星轨迹基本相同。在“生成轨迹”面板中选择轨迹“类型”为“面的外环”，拾取元素为外环所在端面，如图 8.33 所示。

单击绿色完成按钮，生成的轨迹如图 8.34 所示。

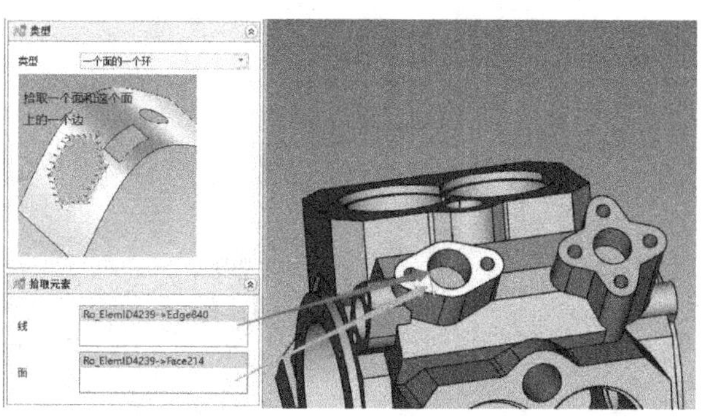

图 8.31

二星内环轨迹设计界面

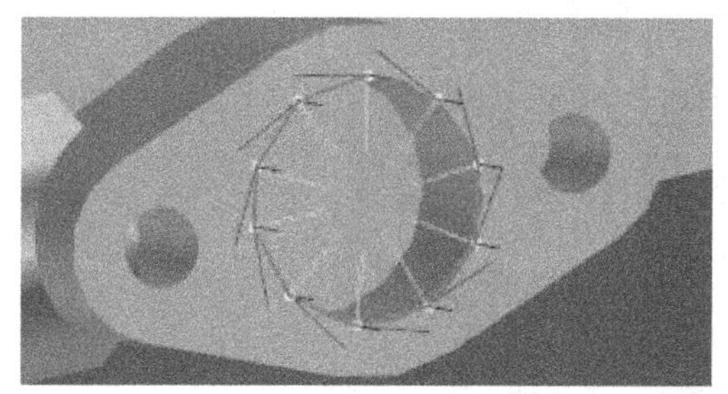

图 8.32

生成的二星内环轨迹

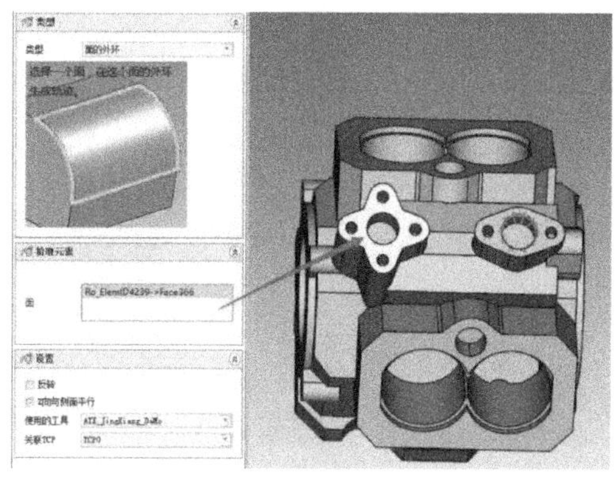

图 8.33

四星外环轨迹设计界面

3. 双环外边轨迹设计

在“生成轨迹”面板中选择轨迹“类型”为“面的外环”，拾取元素为外环所在端面，如图 8.35 所示。

单击绿色完成按钮，生成的轨迹如图 8.36 所示。

生成的双环外边轨迹存在黄色的轴限位点，还需进行优化设计。

4. 双环轨迹设计

在“生成轨迹”面板中选择轨迹“类型”为“一个面的一个环”，拾取元素为一条边和一个面，如图 8.37 所示。

单击绿色完成按钮，生成的轨迹如图 8.38 所示。

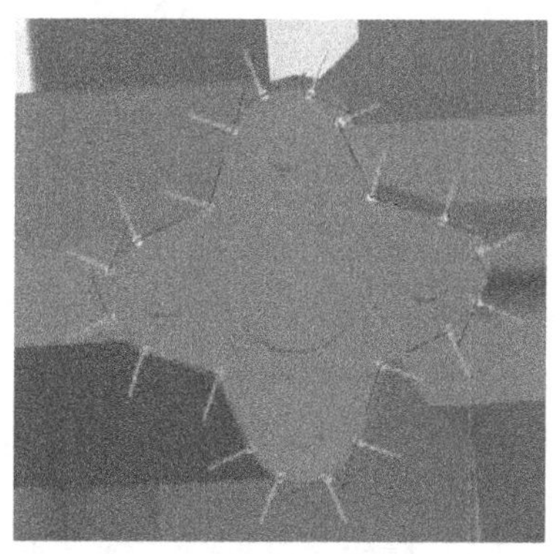

图 8.34

生成的四星外环轨迹

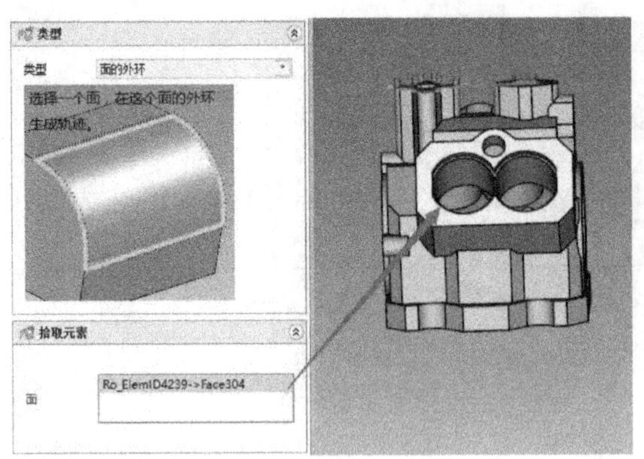

图 8.35

双环外边轨迹设计界面

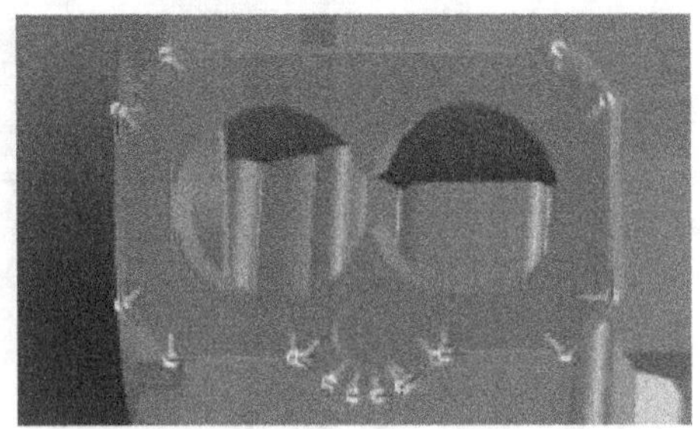

图 8.36

生成的双环外边轨迹

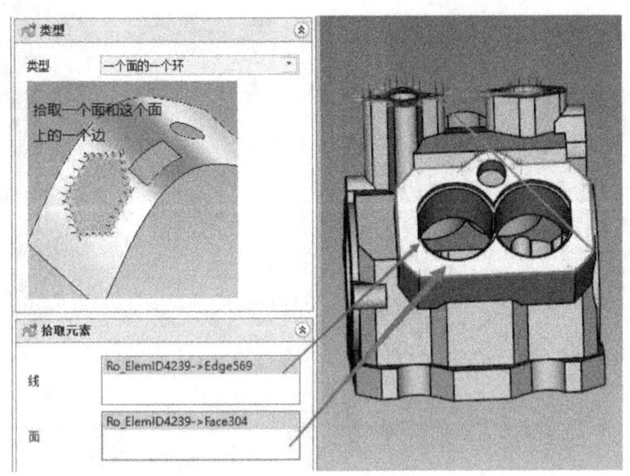

图 8.37

双环轨迹设计界面

生成的双环外边轨迹存在黄色的轴限位点，还需进行优化设计。选择“Z 轴固定”即可调整轴限位轨迹点。

5. 底部轨迹设计

底部外边和内边也需去毛刺。因此，气缸底部也需生成两条加工轨迹。

(1) 底部外边轨迹　在“生成轨迹”面板中选择轨迹“类型”为“面的外环”，拾取元素为外边所在的面，如图 8.39 所示。

单击绿色完成按钮，生成的轨迹如图 8.40 所示。

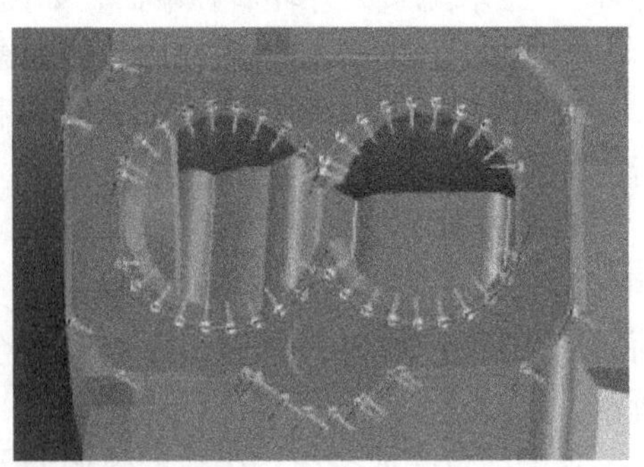

图 8.38

生成的双环轨迹

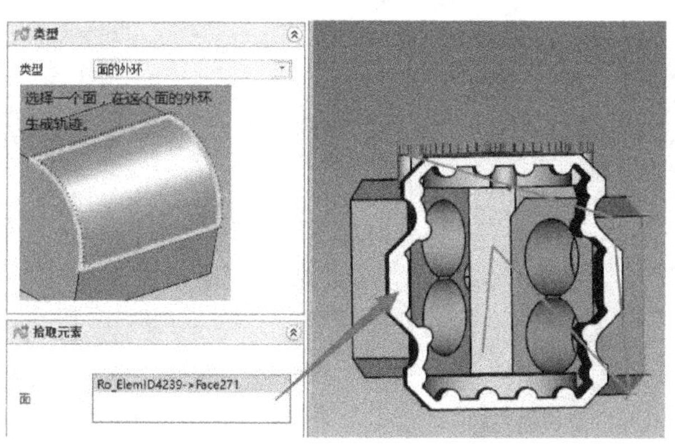

图 8.39

底部外边轨迹设计界面

生成的底部外边轨迹存在黄色的轴限位点，还需进行优化设计。

（2）底部内边轨迹　在“生成轨迹”面板中选择轨迹“类型”为“一个面的一个环”，拾取线为要生成轨迹的边，拾取面为该条边所在的面，如图 8.41 所示。

单击绿色完成按钮，生成的轨迹如图 8.42 所示。

生成的底部内边轨迹存在黄色的轴限位点，可利用“统一位姿”指令或其他指令进行调整和优化。

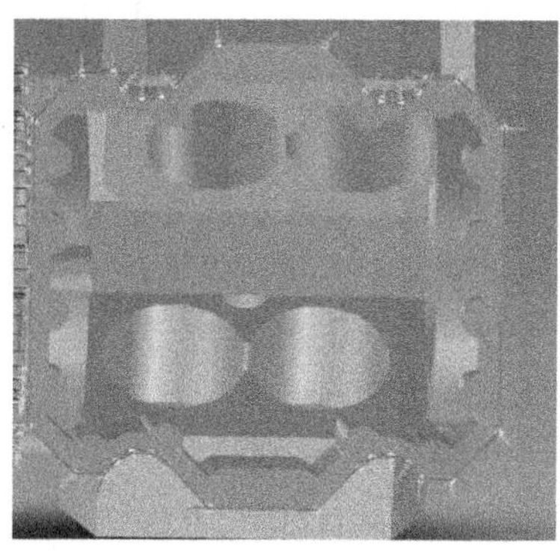

图 8.40

生成的底部外边轨迹

6. 大环轨迹

在“生成轨迹”面板中选择轨迹“类型”为“面的外环”，拾取元素为外环所在的面，如图 8.43 所示。

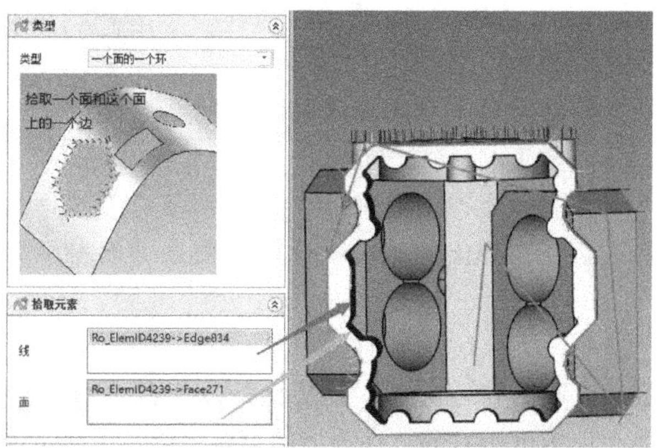

图 8.41

底部内边轨迹设计界面

图 8.42

生成的底部内边轨迹

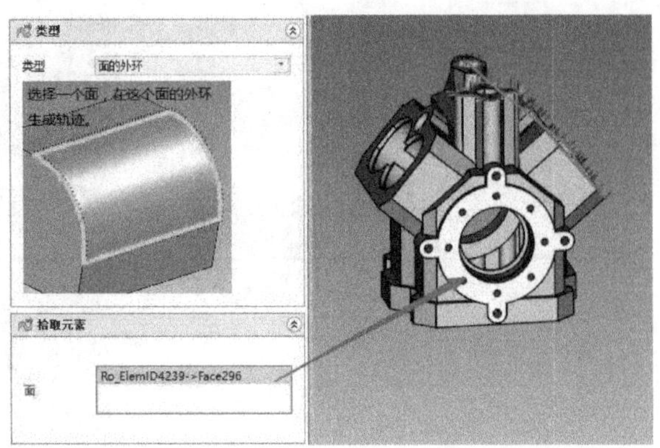

图 8.43

大环轨迹设计界面

单击绿色完成按钮，生成的轨迹如图 8.44 所示。

图 8.44

生成的大环轨迹

8.2.4 轨迹优化

为避免机器人从双环运动到外环的过程中可能出现工具与零件发生碰撞的情况，需要机器人在完成双环去毛刺作业后运动到某位置，再进行外环去毛刺。因此，须插入一个 POS 点。

1. 插入 POS 点

在“调试面板”中将机器人姿态调整至如图 8.45 所示的状态。

在工具上单击鼠标右键，在弹出的菜单中选择“插入 POS 点（Move - AbsJoint）”，如图 8.46 所示。

2. 插入过渡点

为避免机器人在从大环运动至下个面去毛刺时出现工具与零件发生碰撞，还需要插入一个过渡点。

在“调试面板”中将机器人姿态调整至如图 8.47 所示的状态。

在工具上单击鼠标右键，在弹出的菜单中选择“插入 POS 点（Move - AbsJoint）”，如图 8.46所示。

3. 生成出入刀点

生成出入刀点是在轨迹起始和终止点各生成一个轨迹点，以便于工具在轨迹间的移动。多选所有轨迹，再在其上单击鼠标右键，在弹出的菜单中选择“生成出入刀点”，如图 8.48 所示。

在“出入刀点”对话框中，将“入刀偏移量”“出刀偏移量”均设定为 10mm，单击“确认”按钮即完成出、入刀点设置。

如图 8.32 所示，所有轨迹点都是 *Y* 轴向内、*Z* 轴向上的。根据工艺要求，需将轨迹内

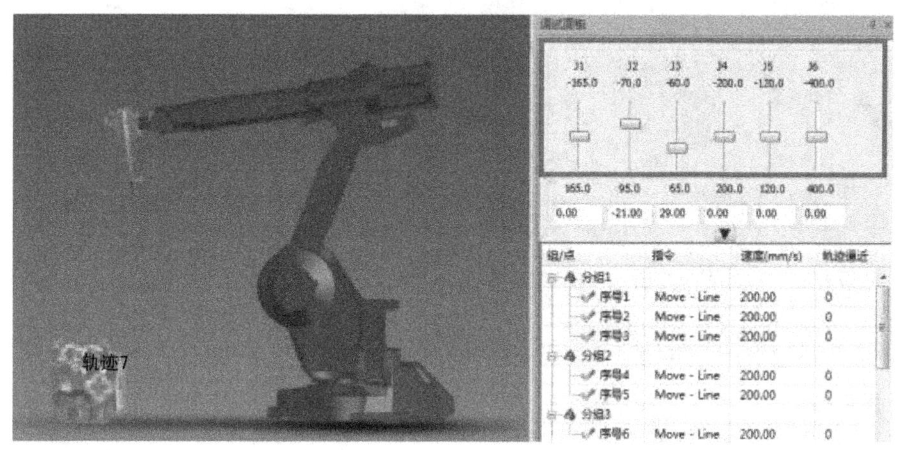

图 8.45

调整之后的机器人姿态

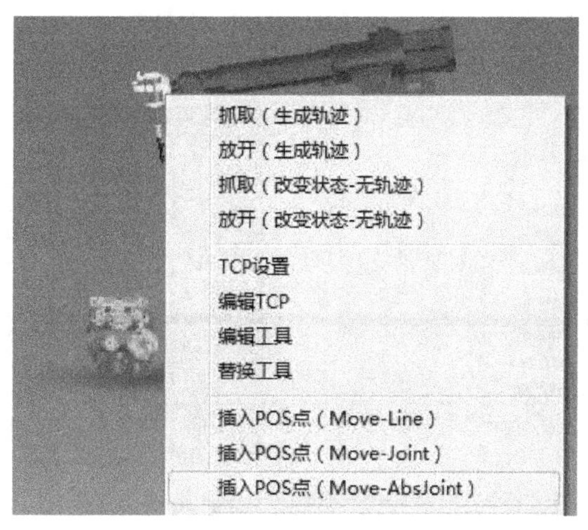

图 8.46

插入 POS 点

缩、外扩或平移以消除潜在的碰撞风险，这里采用内缩平移方式。可以使轨迹沿 Y 轴正向移动一定距离，这里设为 5mm。若将轨迹向上平移，则需使其沿 Z 轴正向移动一定距离，可以设为 5mm。如上参数可在如图 8.14b所示的“轨迹平移”对话框中设置。内缩之后的二星内环轨迹如图 8.49 所示。

如图 8.34 所示，所有轨迹点都是 Y 轴向外、Z 轴向上的。根据工艺要求，需采用外扩平移方式以消除潜在碰撞风险。可以使轨迹沿 Y 轴正向移动一定距离，这里设为 5mm。若将轨迹向上平移，则需使其沿 Z 轴正向移动一定距离，可以设为 10mm。如上参数可在如图 8.14b所示的“轨迹平移”对话框中设置。外扩后的四星外环轨迹如图 8.50所示。

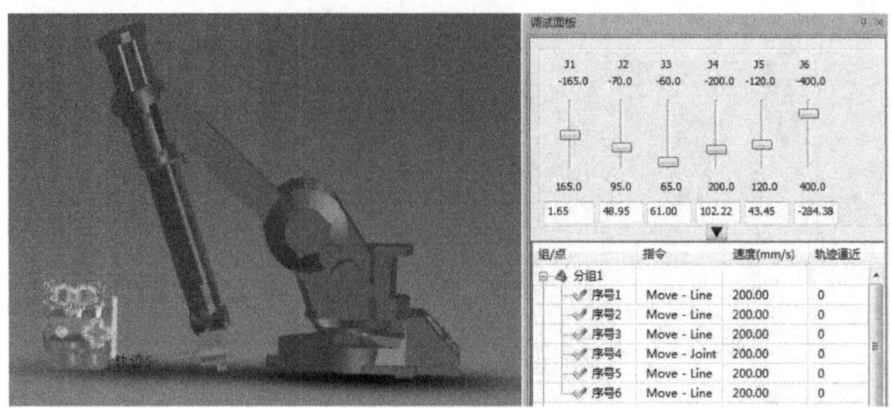

图 8.47

调整之后的机器人姿态

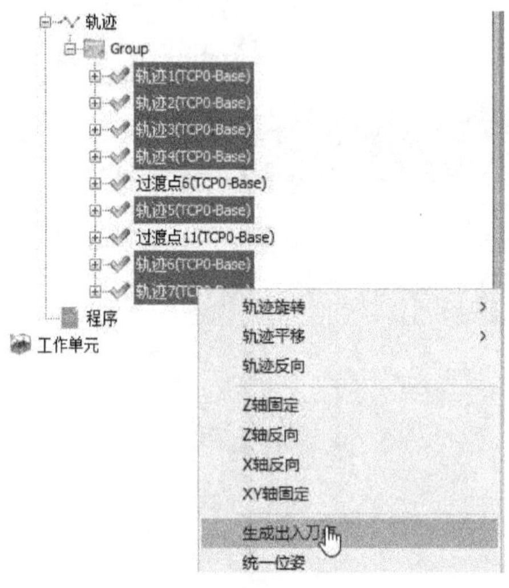

图 8.48

生成出入刀点

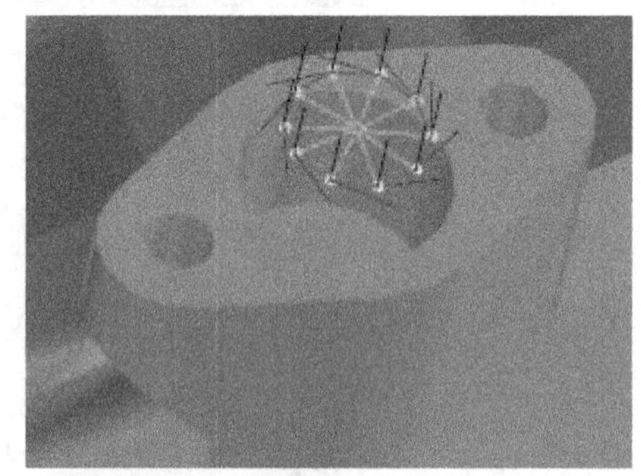

图 8.49

内缩后的二星内环轨迹

需要说明的是，内缩后的二星内环轨迹和外扩后的四星外环轨迹存在黄色的轴限位点，还需进行优化设计。请自行完成。

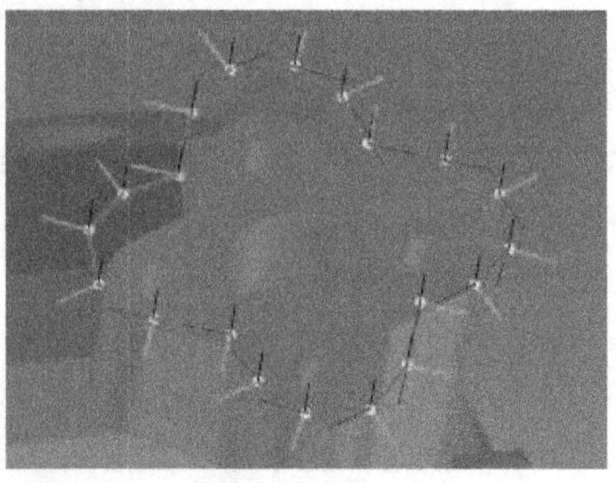

图 8.50

外扩后的四星外环轨迹

8.2.5 仿真与后置

单击“基础编程”功能栏中的“仿真”图标，打开“仿真管理”窗口，勾选“场景还原”复选框来仿真机器人去毛刺工艺的运动状态，如图 8.51 所示。

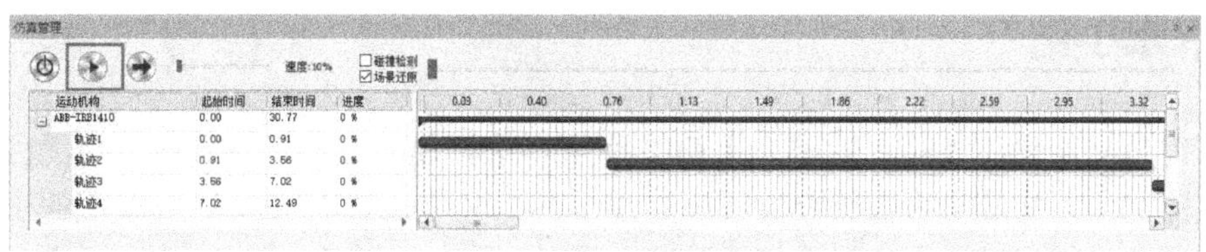

图 8. 51

去毛刺工艺仿真结果

单击“基础编程”功能栏中的“后置”图标，打开“后置处理”对话框，使用默认选项和设置。单击“生成文件”按钮，打开“后置代码编辑器”，可以查看生成的代码，如图 8. 52所示。

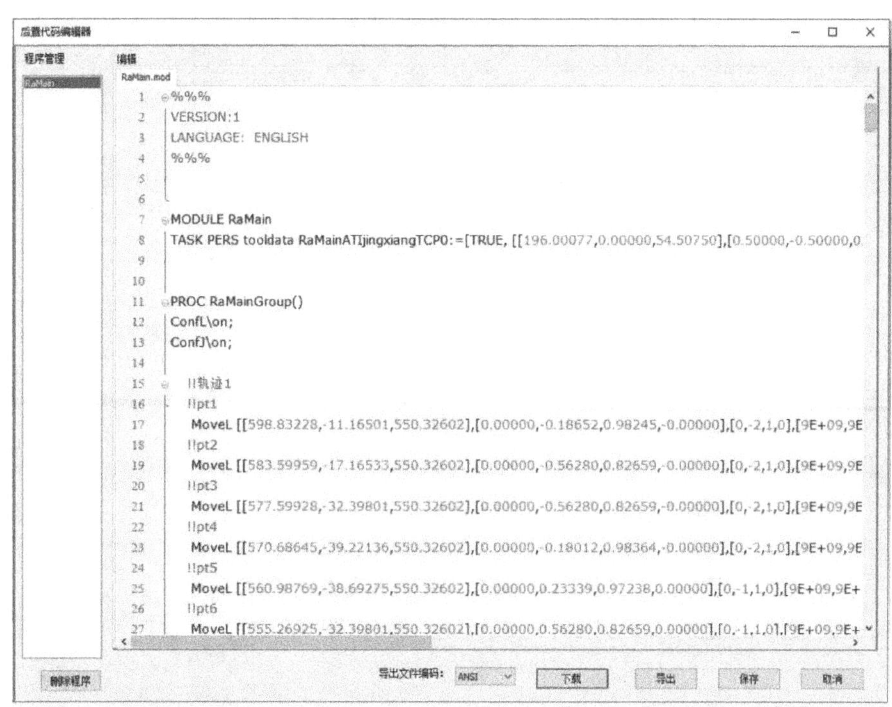

图 8. 52

去毛刺工艺“后置代码编程器”

单击“保存”按钮，选择适当的工作目录即可生成后置代码文件。

将后置代码下载至控制器即可控制机器人进行实际的去毛刺作业。若后置代码能控制机器人正确完成作业，则离线编程与仿真结束。若存在超过规定范围的去毛刺误差，还需要对轨迹进行微调直至其精度符合要求，后置完成后保存工程文件。

8.3 本章小结

本章以激光切割和气缸去毛刺为案例，按照场景搭建、校准 TCP 与零件、轨迹设计与生成、轨迹优化、仿真与后置的设计顺序介绍了其工艺生成方法。本章所涉及的工艺典型、过程标准化，为工程设计人员提供工程设计参考。

第9章 PQArt应用案例（二）

本章在前面章节有关内容的基础上，以码垛和写字离线编程为工程案例，详细介绍应用PQArt进行离线编程与仿真的方法和步骤。

码垛案例

9.1 码垛应用案例

本案例所述的码垛是指将形状基本一致的产品按一定顺序堆叠起来。码垛在物流等领域具有广泛的应用，不但需要机器人、工具和物料，还需要码垛架和取垛架等设备，设计过程比激光切割、工件去毛刺工艺更加烦琐。

9.1.1 场景搭建

1. 机器人选择与导入

考虑工程实际需要，选择ABB码垛机器人。其导入较为简单，在“场景搭建”功能栏中，单击“机器人库”图标，选择ABB机器人。

2. 工具与零件的选择与导入

在“场景搭建”功能栏中，单击“工具库”图标分别导入法兰工具和快换工具。需要说明的是，先导入法兰工具，再导入夹爪快换工具，然后在快换工具的右键弹出菜单中选择“安装（改变状态-无轨迹）”选项以安装快换工具。如图9.1所示。

在“场景搭建”功能栏中，单击“设备库”图标导入待码垛零件，搭建好的码垛场景如图9.2所示。

图9.1

导入法兰工具和快换工具

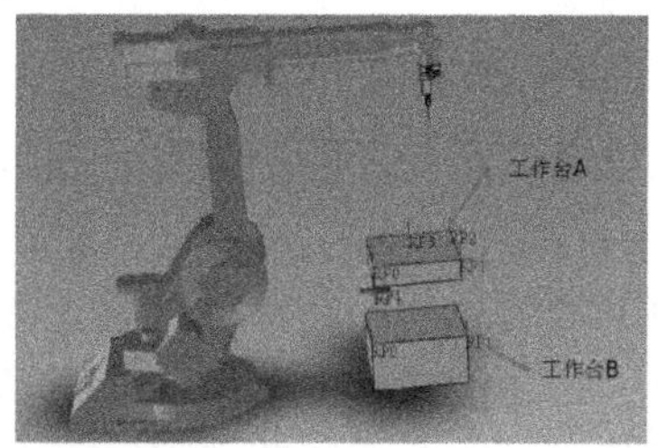

图9.2

码垛场景

9.1.2 校准 TCP 与零件

1. 校准 TCP

导入法兰工具和快换工具后，法兰工具与机器人自动装配，快换工具已安装到法兰工具上，无需校准 TCP。

2. 校准零件

参考 8.1.2 和 8.2.2 小节介绍的过程和方法，使用三点法对零件进行校准。在“工具”功能栏中，单击“校准”图标，运行校准功能。在弹出的“校准”对话框中，选择不共线、比较有特征和易于测量的三个特征点作为校准点。在真实环境中测量与上述三个特征点对应的机器人的位置，并在“校准”对话框的“真实环境”区域内输入其三维坐标。然后，单击“对齐”按钮，就在零件校准基础上实现真实环境与设计环境的一致和对应了。校准前、后的场景对比如图 9.3 所示。

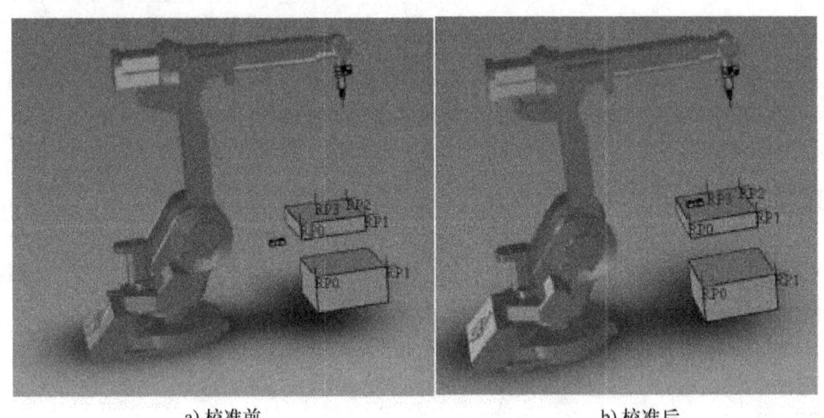

a) 校准前　　b) 校准后

图 9.3

码垛场景校准前、后对比图

9.1.3 轨迹设计与生成

作为机器人运动路径，码垛轨迹的设计较为复杂。结合工艺要求，需要生成抓取轨迹、放开轨迹、码垛轨迹及拆垛轨迹四条轨迹。其中，码垛轨迹和拆垛轨迹可利用 PQArt 工艺包生成。

1. 抓取轨迹

在本案例中，机器人上同时有法兰工具 TCP 和快换工具夹爪 TCP 两个 TCP。一般来说，轨迹应关联抓取工具的 TCP。因此，生成抓取轨迹前，需从法兰工具 TCP 切换至夹爪工具 TCP。

切换 TCP 较为简单。在法兰工具上单击鼠标右键，在弹出的菜单中选择“TCP 设置”选项，在弹出的“设置 TCP”对话框的列表框中双击“夹爪_TCP”，单击“确认”按钮，完成 TCP 切换。如图 9.4 所示。

在 ABB 机器人上单击鼠标右键，在弹出的菜单中选择“抓取生成轨迹”选项，打开如

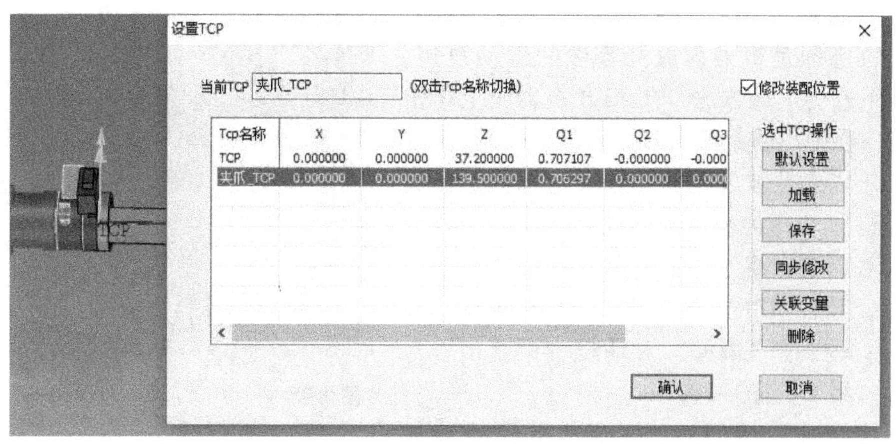

图 9.4

“设置 TCP”对话框

图 9.5 所示“选择被抓取的物体”对话框。在“未选择物体”列表框中选择“T 形毛胚”，单击“增加 > >”按钮将其添加到“已选择物体”列表框中，再单击“确认”按钮完成抓取物体的选择。

为避免夹爪工具与零件的碰撞，在“偏移”对话框内设置“出刀偏移量”“入刀偏移量”均为 300mm，如图 9.6 所示。

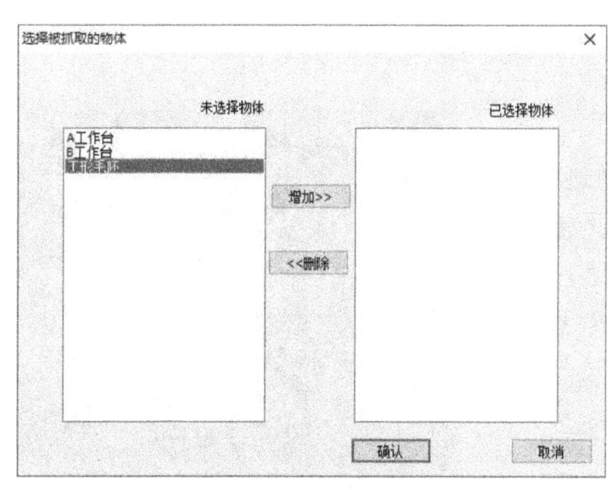

图 9.5

“选择被抓取的物体”对话框

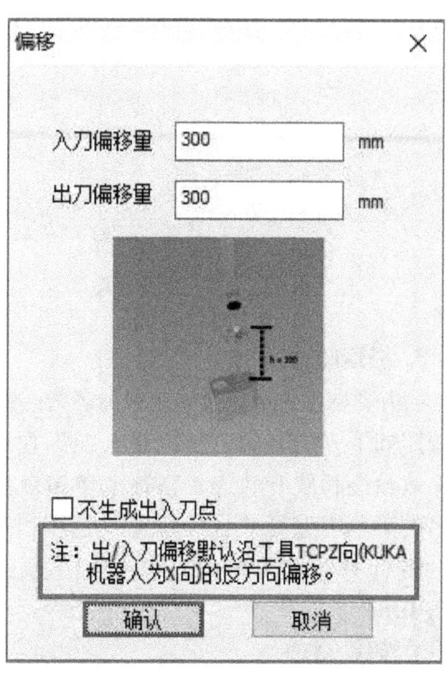

图 9.6

“偏移”对话框

参考 8.1.3 及 8.2.3 小节介绍的过程和方法，生成的抓取轨迹如图 9.7 所示。

2. 放开轨迹

放开轨迹即是机器人放开零件的运动轨迹。参照抓取轨迹的生成方法，在 ABB 机器人上单击鼠标右键，在弹出的菜单中选择“放开生成轨迹”选项，打开“选择被放开的物体”对话框，在其中将“铁饼”选择为被放开的物体。在“选择放开位置”对话框中将“B 工作台”选择为放开零件的位置，将“RP1”选择为零件放开点，如图 9.8所示。再在“偏移”对话框中设置出、入刀偏移量，例如设置为 200mm。

图 9.7

生成的抓取轨迹

单击“确认”按钮后，生成的放开轨迹如图 9.9所示。

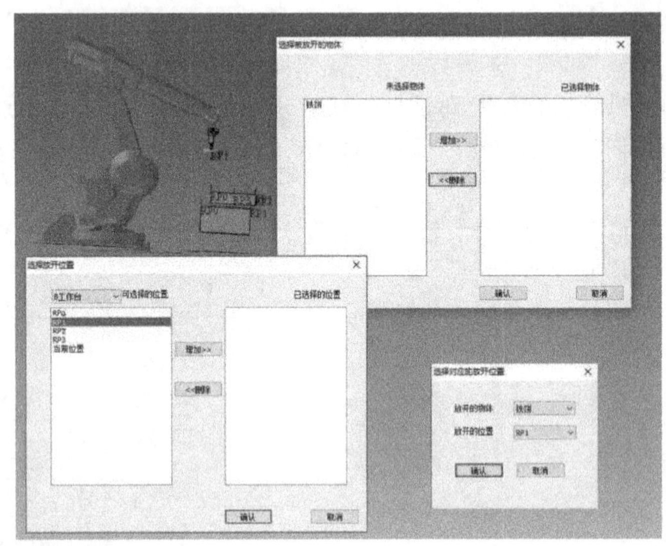

图 9.8

设置放开轨迹

3. 搬运轨迹

合并抓取轨迹和放开轨迹并命名为“搬运轨迹”，可按照如下方法完成。在机器人加工管理面板选中多条抓取轨迹和放开轨迹，在其上单击鼠标右键，并在弹出的菜单中选择“合并轨迹”选项，如图 9.10a 所示。将合并后的轨迹重命名为“搬运轨迹”，如图 9.10b所示。

4. 码垛轨迹

所谓码垛轨迹，是重复机器人的抓取和放开工艺，合并抓取轨迹和放开轨迹生成的复合轨迹。为简化设计，可以选用码垛工艺包生成码垛轨迹。

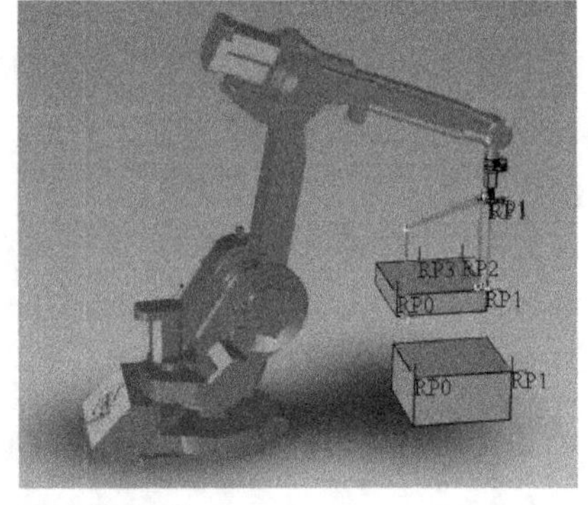

图 9.9

生成的放开轨迹

单击“工艺包”选项卡中的“码垛工艺包”，功能栏内的“码垛工艺”图标，按照

图 9. 11所示“码垛工艺”对话框中的提示信息设置码垛信息和码垛数量等相关参数。

单击“确认”按钮，生成的码垛轨迹如图 9. 12所示。

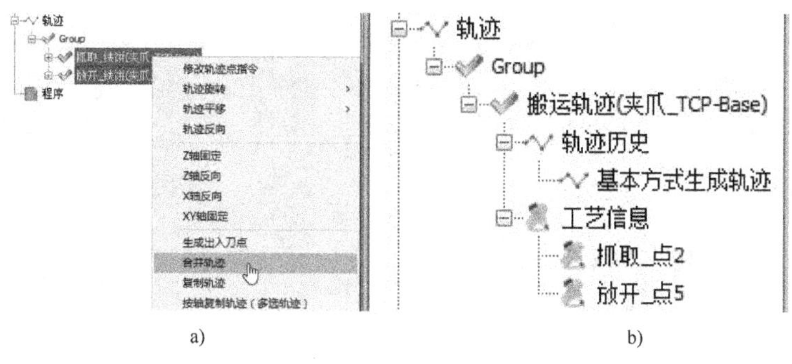

图 9. 10

机器人加工管理面板

5. 拆垛轨迹

单击“工艺包”选项卡中的“码垛工艺包”功能栏内的“拆垛”图标，按照图 9. 13 所

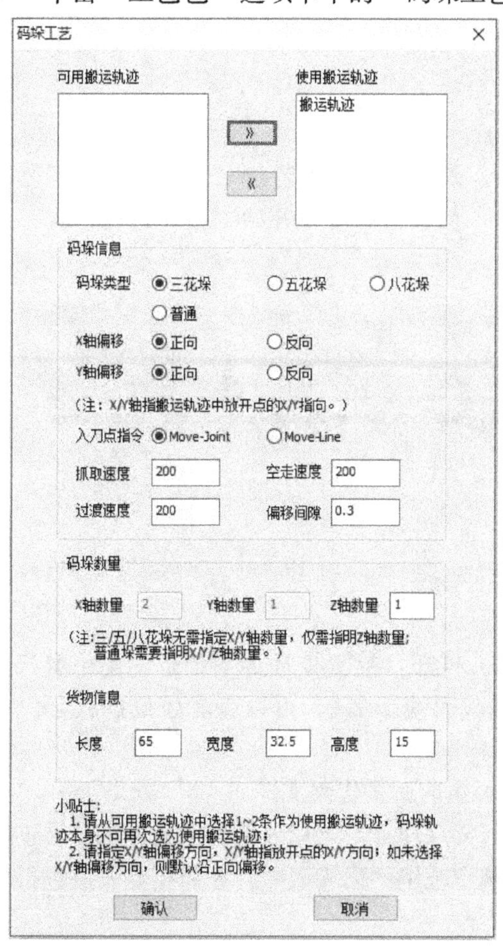

图 9. 11

“码垛工艺”对话框

图 9. 12

生成的码垛轨迹

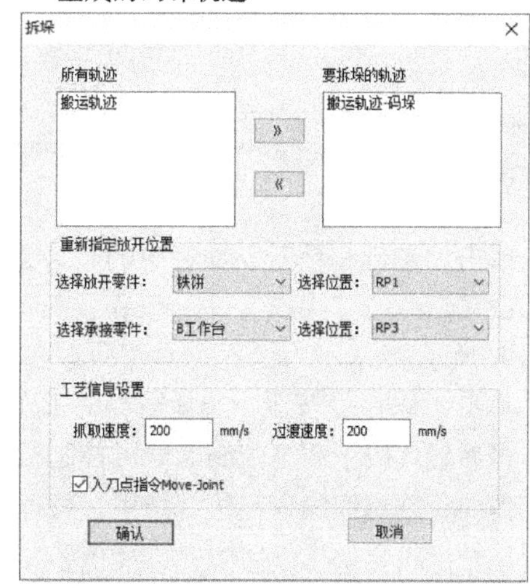

图 9. 13

“拆垛”对话框

示“拆垛”对话框中的提示信息选择拆垛轨迹、放开零件、承接零件并设置工艺信息等相关参数。

单击“确认”按钮，生成的拆垛轨迹如图9.14所示。

至此，拆垛工艺相关的全部轨迹设计完成。

9.1.4 轨迹优化

需要注意的是，生成的抓取轨迹、放开轨迹、搬运轨迹、码垛轨迹及拆垛轨迹可能存在不可达、轴超限和奇异点等状况，还需使用轨迹优化、轨迹旋转、插入POS点、编辑点等编辑方式对轨迹进行编辑。

本小节不再赘述，可参考8.1.4及8.2.4小节的有关内容。

图9.14

生成的拆垛轨迹

9.1.5 仿真与后置

单击“基础编程”功能栏中的“仿真”图标，或者单击“工艺包”选项卡中“工艺仿真”功能栏内的“仿真”图标，打开“仿真管理”面板，单击“开始”按钮进行仿真，仿真结果如图9.15所示。

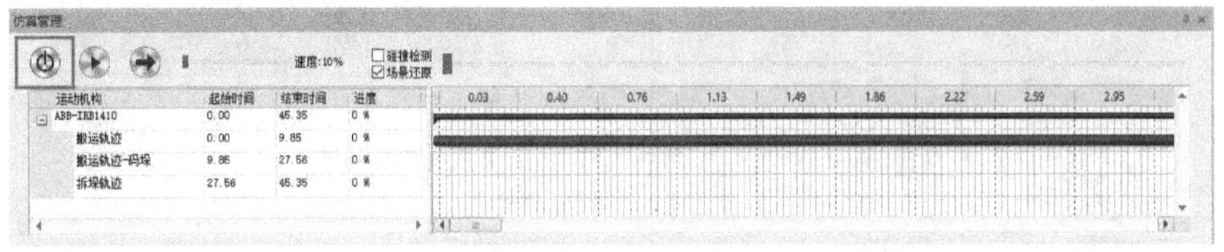

图9.15

码垛工艺仿真结果

单击“基础编程”功能栏中的“后置”图标，打开“后置处理”对话框，使用默认选项和设置。单击“生成文件”按钮，打开“后置代码编辑器”，可以查看生成的代码。如图9.16所示。

单击“保存”按钮，选择适当的工作目录即可生成后置代码文件。

将后置代码下载至控制器即可控制机器人进行码垛作业。若后置代码能控制机器人正确完成作业，则离线编程与仿真结束。若存在超过规定范围的码垛误差，还需要对轨迹进行微调直至精度符合要求。后置完成后保存工程文件。

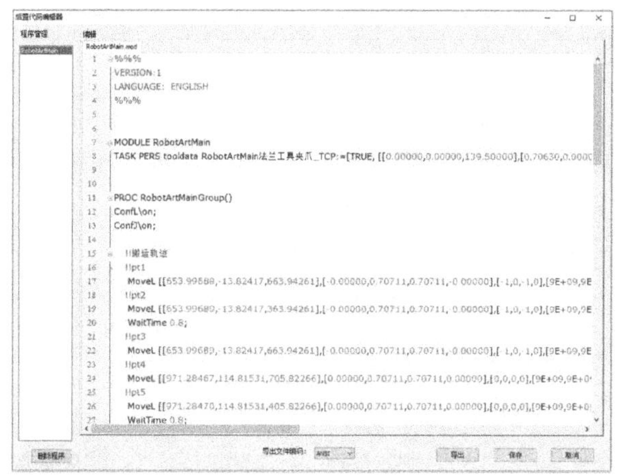

图 9.16

码垛工艺“后置代码编辑器”

9.2　写字应用案例

ABB 机器人写字案例

9.2.1　场景搭建

1. 机器人选择与导入

选用 ABB－IRB120 机器人，参考 8.1.1 小节介绍的方法导入设计场景。

2. 工具与零件选择与导入

从“工具库”内选择“法兰工具写字笔”作为工具，单击“自定义”选项卡中“零件”功能栏的“导入零件”图标，导入待写字工件，如图 9.17 所示。

图 9.17

“自定义”选项卡

搭建好的写字场景如图 9.18 所示。

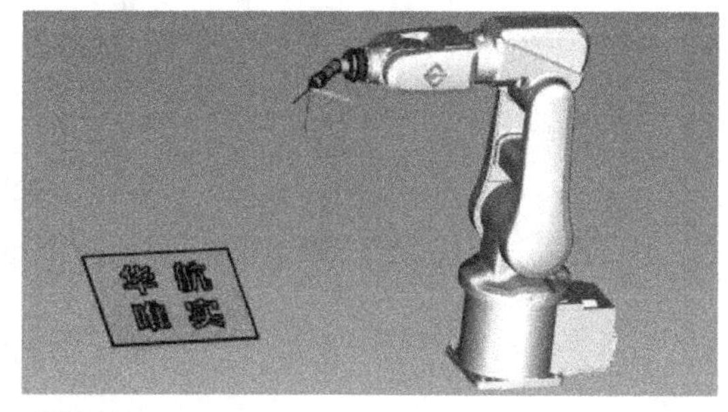

图 9.18

搭建好的写字场景

9.2.2　校准 TCP 与零件

1. 校准 TCP

校准 TCP 对精确搭建场景非常重要。在机器人加工管理面板的“工具”上单击鼠标右键，在弹出的菜单中选择“TCP 设置”选项，如图 9.19a 所示。在弹出的“设置 TCP”对话框中，填写实际测量的 TCP

坐标数据，如图 9. 19b。

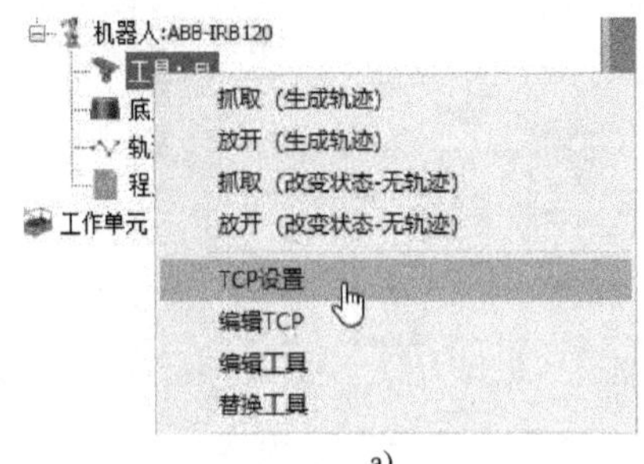

a)

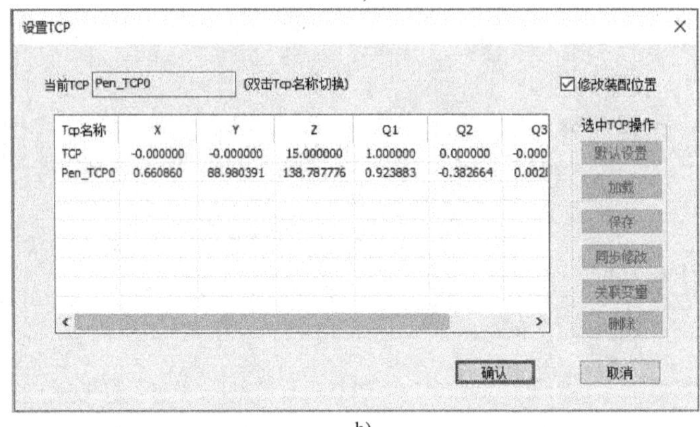

b)

图 9. 19

校准 TCP

2. 校准零件

采用三点校准法校准零件。在如图 9. 20 所示“校准”对话框内，“坐标系”选择“基

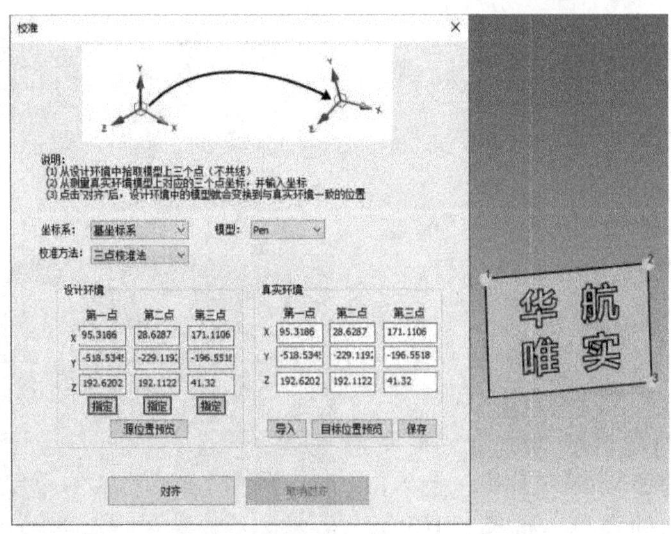

图 9. 20

三点校准法校准零件

坐标系”，“模型”选择“Pen”，“校准方法”选择“三点校准法”，然后依次指定不共线的三个点作为校准参考点，并在“设计环境”和“真实环境”区域内输入适当的参考点和实际点的坐标数据。单击“对齐”按钮，零件校准之后的场景如图 9.21 所示。

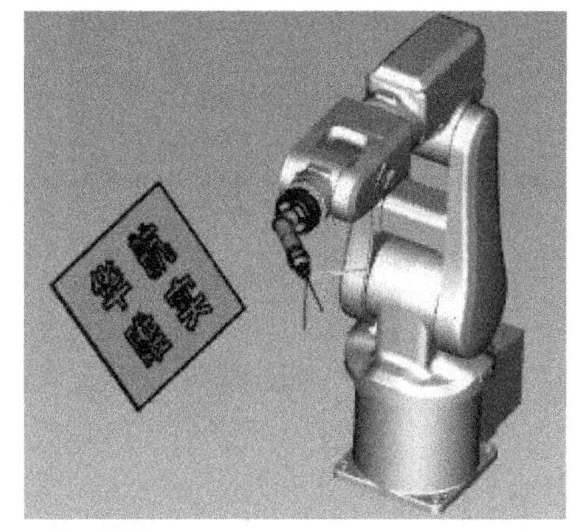

图 9.21

校准后的写字场景

9.2.3　轨迹设计与生成

按照 6.1.2 小节介绍的方法生成轨迹。选择“曲线特征”轨迹生成方法，先拾取线，再拾取面，如图 9.22 所示。单击绿色完成按钮，生成的轨迹如图 9.23 所示。

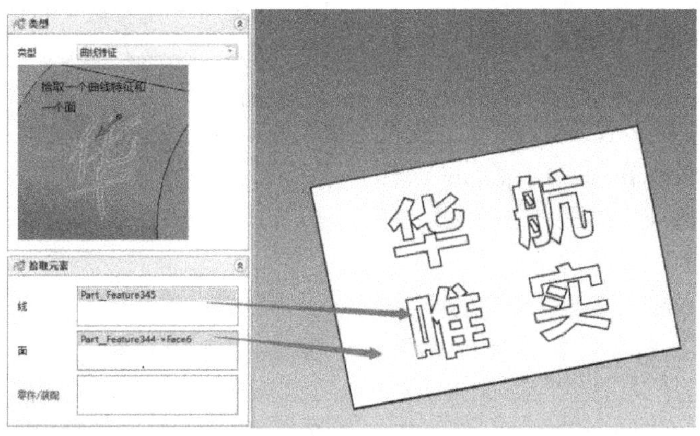

图 9.22

“曲线特征”轨迹生成方法

9.2.4　轨迹优化

生成的如图 9.23 所示的写字轨迹存在一些黄色的轴超限点和红色的不可达点，需要调整轨迹点姿态和插入过渡点以优化轨迹。

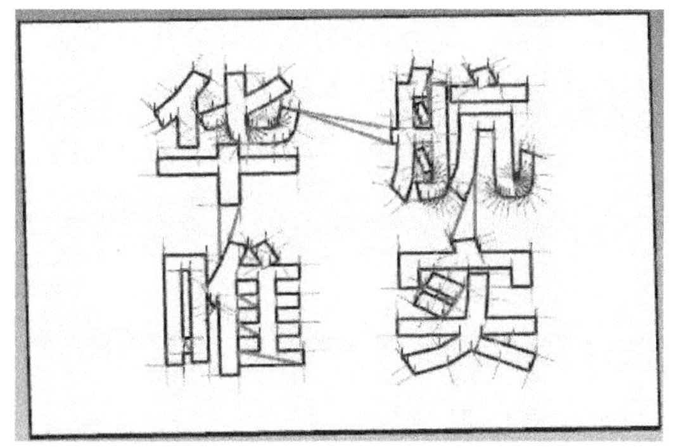

图 9.23

写字场景生成的轨迹

1. 调整轨迹点姿态

在机器人加工管理面板的“轨迹 1”上单击鼠标右键，在弹出的菜单中选择“Z 轴固定”选项，如图 9.24 所示。

单击“基础编程”功能栏内的“编译”图标，获悉调整之后轨迹点的状态。调整之后的写字轨迹如图 9.25 所示。

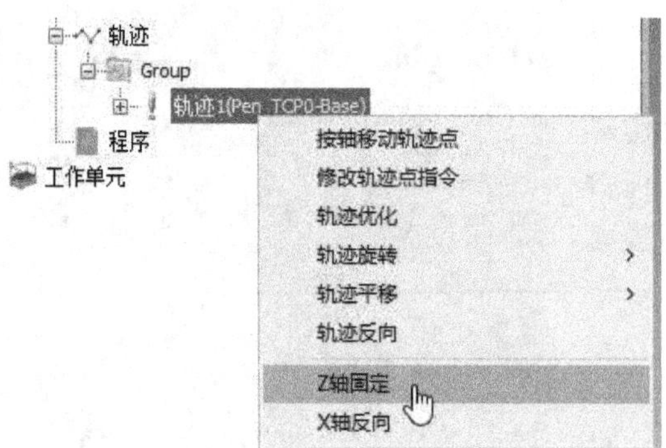

图 9.24

调整轨迹点姿态

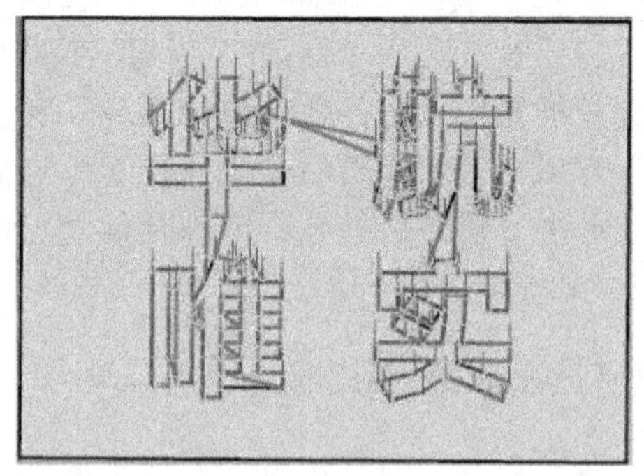

图 9.25

调整之后的写字轨迹

2. 插入过渡点

为避免出现连笔，还需要轨迹生成出、入刀点作为抬笔点和落笔点。插入过渡点非常简单，在机器人加工管理面板的“轨迹1”上单击鼠标右键，在弹出的菜单中选择“生成出入刀点”选项，如图 9.26 所示。在弹出的“出入刀点”对话框中，将“入刀偏移量”设置为 10mm，“出刀偏移量”设置为 10mm，单击“确认”按钮即完成出、入刀点设置。

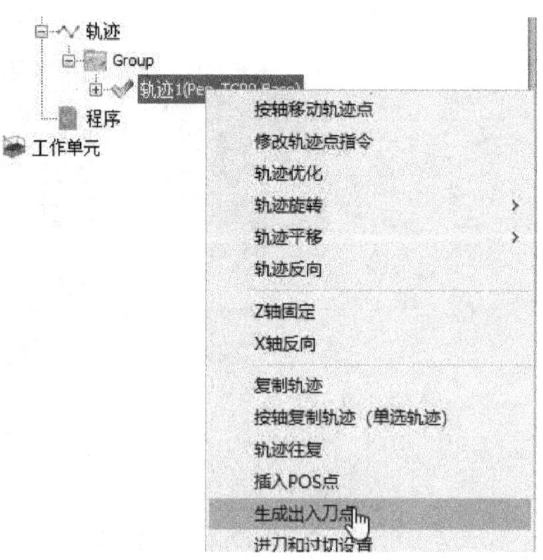

图 9.26

插入过渡点

9.2.5 仿真与后置

单击“基础编程”功能栏中的“仿真”图标，打开“仿真管理”面板，仿真速度为 10%，勾选“场景还原”，来仿真机器人写字的运动状态，如图 9.27 所示。

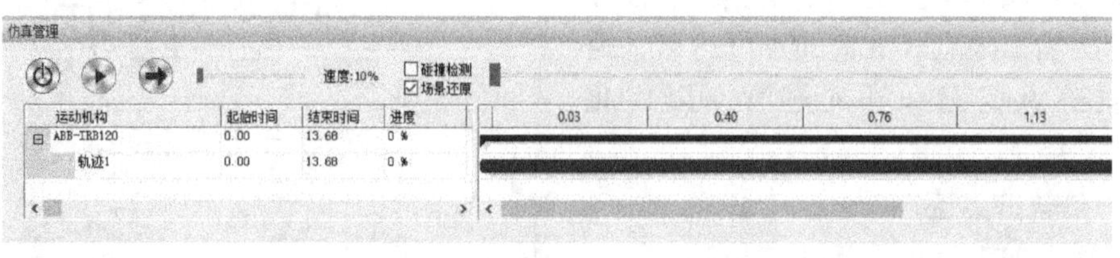

图 9.27

写字工艺仿真效果图

单击“基础编程”功能栏中的“后置”图标，打开“后置处理”对话框，使用默认选项和设置。单击“生成文件”按钮，选择适当的工作目录即可生成后置代码文件。

将后置代码下载至控制器即可控制机器人进行实际的写字作业。若后置代码能控制机器人正确完成作业，则离线编程与仿真结束。若存在超过规定范围的误差，还需要对轨迹进行微调直至其精度符合要求。后置完成后保存工程文件。

9.3 本章小结

本章以码垛和写字为案例，按照场景搭建、校准 TCP 与零件、轨迹设计与生成、轨迹优化、仿真与后置的设计顺序介绍了其工艺生成方法。本章所涉及的工艺典型、过程标准化，为工程设计人员提供工程设计参考。

第 10 章
离线编程与仿真技术总结与展望

10.1 离线编程与仿真技术总结

离线编程与仿真技术主要是计算机图形学和机器人学的结合，以图形的形式模拟和仿真机器人的运动情况。从设计角度，是工程实际工艺的前期理论验证环节，对提高工作效率至关重要。

离线编程与仿真技术是一种图形化仿真技术。各功能模块均以界面、图标或菜单形式展现的，隐藏了后台复杂的数据库、机器人运动学、机器人运动学逆解、机器人动力学、硬件通信及代码优化设计等专业知识。离线编程与仿真极大地方便了工程设计人员的应用，使人们可以在无需学习和掌握这些专业知识的基础上，轻松完成专业性极强的机器人工业控制系统应用和工艺设计。

离线编程与仿真是有步骤和顺序的。如第 8 章和第 9 章的工程实例，无论是激光切割、气缸去毛刺、码垛还是写字，均严格按照场景搭建、校准 TCP 与零件、轨迹设计与生成、轨迹优化、仿真与后置的顺序进行，不可颠倒或交换。

离线编程与仿真的每个步骤又是灵活的，需要根据具体工艺要求设计。例如，根据不同工艺要求选用不同的机器人和夹具、不同的轨迹生成方法，并根据轨迹点情况选用不同的轨迹优化方法。这些对设计人员专业知识和工程经验的要求较高。

10.2 离线编程与仿真技术展望

随着机器人的日渐普及，离线编程与仿真技术逐渐得到越来越多的技术公司的重视。安川、ABB 及 KUKA 等专业机器人公司都有自己配套的专用机器人离线编程与仿真软件，越来越多的技术公司也进入离线编程与仿真领域，也推出各自的通用仿真软件。专用软件存在仅支持本公司机器人、无法扩展的问题；而通用软件虽然可以支持较多的机器人型号和类型，通用性强，但也存在部分功能较为单一和薄弱的问题。

科技的发展，尤其是芯片制造技术的进步和云计算技术的应用，也推动了机器人离线编程与仿真技术的发展，并出现了如下两个明显的趋势。

1）芯片制造技术的进步在降低芯片功耗的同时，也大大提高了计算能力，使数值计算成为可能。受芯片计算能力限制，早期版本的离线编程与仿真软件普遍采用模拟计算方法，难以实时计算机器人的动力学问题。而芯片计算能力的极大提升，使自动建立离散化机器人动力学方程，采用高精度、高效数值迭代方法进行运动学和动力学高速求解成为可能，在提高精度的同时也缩短了计算时间，使机器人的高精度实时控制成为现实，从根本上推动机器人智能控制技术的发展和进步。同时，这也将大大提升多机器人协作的精度和可靠性，并将改变机器人工作方式。

2）云计算和云平台的发展也将深刻影响离线编程与仿真技术的发展。在云技术和云平台成熟之前，早期的机器人离线编程与仿真软件多采用单机安装形式或在某个较小局域网内安装的形式。受存储空间的限制，离线编程与仿真软件仅能支持较少的机器人型号和较少的轨迹生成方法，通用性不佳。云计算和云平台技术在理论上可以支持无限多型号的机器人、工具、零件及轨迹生成方法，使各种场景仿真成为可能，并将从根本上改变机器人控制系统的设计方法和技术，尤其是分布式实时控制系统的设计和工程应用。

此外，人工智能（AI）技术逐渐在离线编程与仿真技术领域得到更多应用。以深度网络为基础的人工智能技术已在语音识别和基于图像识别技术的自动驾驶、人脸识别等领域得到成功应用，也成为当前科技界和学术界的研究热点之一。机器人离线编程与仿真技术对设计人员的工程经验要求较高，而不同领域的应用又对工程设计经验要求不同，这增加了设计人员跨领域、跨行业设计机器人控制系统的难度。而深度网络突出的泛化能力和强大的推理能力能够为设计人员提供更多设计指导和工程参考，使设计人员跨行业地设计高可靠性机器人控制系统成为可能，从而扩大机器人离线编程与仿真技术的应用范围，也推动了机器人离线编程与仿真技术向行业应用纵深发展。